BERICHTE ÜBER DIE VERHANDLUNGEN DER SÄCHSISCHEN AKADEMIE DER WISSENSCHAFTEN ZU LEIPZIG

Mathematisch-naturwissenschaftliche Klasse

Band 97 · Heft 5

HERBERT BECKERT

Über quasilineare hyperbolische Systeme partieller Differentialgleichungen erster Ordnung mit zwei unabhängigen Variablen. Das Anfangswertproblem, die gemischte Anfangs-Randwertaufgabe, das charakteristische Problem

1950

AKADEMIE-VERLAG BERLIN

Vorgelegt durch Herrn Hölder in der Sitzung vom 21. März 1949
Manuskript eingeliefert am 11. Juli 1949
Druckfertig erklärt am 7. Juni 1950

Erschienen im Akademie-Verlag GmbH., Berlin NW 7, Schiffbauerdamm 19
Lizenz-Nr. 156 · 6401/49 - 8723/49
Satz und Druck Buchdruckerei Oswald Schmidt GmbH., Leipzig M 118
Bestell- und Verlagsnummer: 2027/97/5
Preis: DM 14,50

Über quasilineare hyperbolische Systeme partieller Differentialgleichungen erster Ordnung mit zwei unabhängigen Variablen

Ich beschäftige mich in dieser Arbeit im ersten Teil mit der Lösung des Anfangswertproblems für quasilineare Systeme partieller Differentialgleichungen (I) im hyperbolischen Fall.[1] [2])

$$
\text{(I)} \quad \begin{cases} a_{11}\dfrac{\partial u_1}{\partial x} + a_{12}\dfrac{\partial u_2}{\partial x} + \cdots a_{1n}\dfrac{\partial u_n}{\partial x} + b_{11}\dfrac{\partial u_1}{\partial y} + \cdots + b_{1n}\dfrac{\partial u_n}{\partial y} = f_1 \\ a_{21}\dfrac{\partial u_1}{\partial x} + a_{22}\dfrac{\partial u_2}{\partial x} + \cdots a_{2n}\dfrac{\partial u_n}{\partial x} + b_{21}\dfrac{\partial u_1}{\partial y} + \cdots + b_{2n}\dfrac{\partial u_n}{\partial y} = f_2 \\ \\ a_{n1}\dfrac{\partial u_1}{\partial x} + a_{n2}\dfrac{\partial u_2}{\partial x} + \cdots a_{nn}\dfrac{\partial u_n}{\partial x} + b_{n1}\dfrac{\partial u_1}{\partial y} + \cdots + b_{nn}\dfrac{\partial u_n}{\partial y} = f_n \end{cases}
$$

Hierbei wird es, wie sich zeigt, genügen, die Koeffizienten a_{ik}, b_{ik}, f_i als zweimal stetig differenzierbar nach ihren Argumenten: x, y, u_k anzunehmen, um den Existenzbeweis für die Lösungen zu führen. Unter gewissen noch zu formulierenden Differenzierbarkeitsbedingungen für die Anfangskurve und die Anfangswerte wird sich ergeben, daß innerhalb einer gewissen Umgebung der Anfangskurve $\mathfrak{L}$, die keine in charakteristische Richtungen fallende Tangenten haben soll, ein und nur ein Lösungssystem zu (I) existiert, das längs $\mathfrak{L}$ mit dem vorgelegten System der Anfangsdaten übereinstimmt. Will man dieses Lösungssystem über diese

[1]) Zum Anfangswertproblem vgl. die auf die Methode der Funktionaloperatoren gegründete Arbeit von J. SCHAUDER: „CAUCHYsches Problem für partielle Differentialgleichung erster Ordnung. Commentarii Math. Helvetici Vol. 9. 36/37.“

[2]) Eingereicht zur Erlangung der venia legendi an der Philosophischen Fakultät der Universität Leipzig. (Habilitation Februar 1949).

Umgebung hinaus weiter in die x, y-Ebene fortsetzen, so ist es von Wichtigkeit, daß die Lösungen innerhalb der Umgebung von $\mathfrak{L}$ den gleichen Differenzierbarkeitsbedingungen genügen wie auf $\mathfrak{L}$ selbst. Diese Forderung, daß eine Lösungsmethode nicht aus der Funktionenklasse herausführt, ist auch noch aus vielerlei anderen Gründen von größter Bedeutung, u. a. wird dadurch der Weg zur Anwendung der Methode der sukzessiven Approximationen geöffnet. Es möchte auf den ersten Blick scheinen, daß unsere Lösungsmethode der letzten Forderung nicht gerecht wird; denn setzen wir etwa die Anfangswerte längs $\mathfrak{L}$ als zweimal stetig differenzierbar nach der Bogenlänge voraus, so liefert unsre Lösungsmethode nur den Nachweis, daß das Lösungssystem stetige partielle Ableitungen erster Ordnung hat. Dieser Übelstand läßt sich beseitigen, wenn wir allgemein die Voraussetzung der stetigen Differenzierbarkeit der höchsten Ordnung durch die entsprechende LIPSCHITZ-Bedingung abmildern, also in unserem Beispiel statt zweimal stetige Differenzierbarkeit der Anfangsdaten das Erfülltsein der LIPSCHITZ-Bedingung für die ersten Ableitungen nach der Bogenlänge verlangen; d. h. es existieren Konstante M_i, so daß längs $\mathfrak{L}$ stets bleibt:

$$|\dot{u}_i(s_1) - \dot{u}_i(s_2)| < M_i |s_1 - s_2|$$

für beliebige Werte s_1, s_2.

Das Lösungssystem hat auch jetzt noch stetige partielle Ableitungen erster Ordnung, und für diese gelten LIPSCHITZ-Bedingungen mit festen Konstanten, so daß wir in der Tat in der Funktionenklasse geblieben sind. Der soeben aufgezeigte Umstand bleibt auch bei anderen Differenzierbarkeitsordnungen erhalten und ist für unsere Lösungsmethode charakteristisch.

Wenn der Fortsetzung des Lösungssystems keine prinzipiellen Schwierigkeiten entgegenstehen, so können wir deswegen natürlich nicht hoffen, vom Anfangswertproblem allein her im hyperbolischen Gebiet der x-, y-Ebene die Lösungsfunktionen zu berechnen. Auf ein neues Problem stoßen wir sogleich, wenn wir die Anfangskurve bis zum Rand des Gebietes verfolgen und ein

Lösungssystem zu (I) im Winkelbereich zwischen Rand und Anfangskurve zu bestimmen suchen. Es ist klar, daß Bedingungen, welche längs des Randes zu stellen sind, Einfluß auf die Lösungen gewinnen werden. Wie sich zeigt, ergibt sich im allgemeinen der folgende Tatbestand (vgl. Fig. 1):

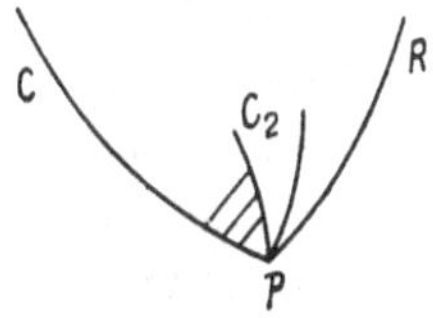

Fig. 1

Vom Anfangswertproblem her bestimmen sich die Lösungen im Winkelbereich zwischen Anfangskurve und der ersten von P ausgehenden auf die Anfangskurve folgenden Charakteristik. Für diesen Bereich haben Bedingungen auf dem Rande keine Bedeutung. Will man die Lösungen weiter fortsetzen, so ergibt sich das folgende Problem:

Längs einer von P ausgehenden Charakteristik C sind die Anfangswerte $u_i(s)$ vorgegeben. Gesucht werden Lösungen zu (I), welche in einer Nachbarschaft von P im Winkelbereich zwischen C und Randkurve existieren und längs letzterer gewissen Randbedingungen genügen. Der zweite Teil beschäftigt sich mit der Auflösung dieses Problems. Vorbehaltlich gewisser Differenzierbarkeitsbedingungen wird Existenz und Eindeutigkeit der Lösungen in einer Nachbarschaft von P im Winkelbereich zwischen C und R gezeigt, wenn wir als Randbedingung eine quasilineare Differentialrelation:

$$\sum_{i=1}^{n} m_i(x, y, u_k) \frac{d u_i}{d s} = m_{n+1}(x, y, u_k)$$

längs R vorschreiben und die restlichen charakteristischen Richtungen in P nicht in den Winkelbereich $(C R)$ fallen. Dabei ist noch die Voraussetzung gemacht, C beziehe sich auf eine einfache Wurzel der aufzustellenden charakteristischen Gleichung, was ja im rein hyperbolischen Fall immer vorliegt. Man erkennt leicht, daß das Resultat erhalten bleibt, wenn wir, im Falle C beziehe sich auf eine r-fache Wurzel, wobei die Elementarteiler sämtlich einfach sein sollen, r linear unabhängige Relationen längs R vorgeben. Des weiteren ergibt sich, daß wir die Randkurve auch mit einer Charakteristik identifizieren können, so daß sich die Verhältnisse in der Umgebung des Randpunktes P wie folgt aufhellen:

Ist C_2 die auf C folgende von P ausgehende Charakteristik im Winkelbereich (CR), so bestimmen sich die Lösungen innerhalb einer gewissen Umgebung von P zwischen C und C_2 in eindeutiger Weise, wenn wir längs C_2 noch eine Differentialrelation des obigen Typus vorschreiben. In der gleichen Weise formulieren wir analoge Probleme zwischen den folgenden Charakteristiken $(C_2 C_3)$ usw., und zuletzt zwischen C_s und R, wonach wir den Winkelbereich (CR) ausgefüllt haben. Dabei werden im allgemeinen längs der Charakteristiken C, C_2, die Normalableitungen der Lösungsfunktionen Sprünge aufweisen. Zum Nachweis der Existenz der Lösungen bedienen wir uns der von H. LEWY eingeführten Differenzenmethode. Während wir beim Anfangswertproblem ohne die Einführung charakteristischer Parameter auskommen, werden im zweiten Teil dieselben als unabhängige Koordinaten eingeführt. Dies führt schließlich auf ein quasilineares System, wobei die Parameterkurven zu Doppelwurzeln in der charakteristischen Gleichung mit im allgemeinen nicht mehr einfachen Elementarteilern korrespondieren. Aus diesen Betrachtungen ersieht man leicht, wie sich die Auflösung des Anfangswertproblems im Teil I gestalten würde, wenn wir dort charakteristische unabhängige Variable einführen wollten.

Schließlich vereinbaren wir noch die folgenden Bezeichnungen: Das Zeichen D_j vor einer Funktion, etwa $D_j a_{ik}(x, y, u_k)$ soll bedeuten, daß innerhalb eines zugrunde gelegten Bereiches alle partiellen Ableitungen von a_{ik} bis zur $(j-1)$ten Ordnung stetig sind; ferner sollen diese nach allen Variablen LIPSCHITZ-Bedingungen mit festen LIPSCHITZ-Konstanten genügen.

Teil I[3])

Das Anfangswertproblem

Längs eines Stückes einer Kurve $y = \varphi(x)$; $x_0 \leq x \leq x_1$ [$\varphi(x)$ sei daselbst vom Typus D_3] seien als Funktionen der Bogenlänge Anfangswerte des Typus D_2 vorgegeben. Wir fragen nach Funktionen $u_i(x, y)$ mit stetigen partiellen Ableitungen erster Ordnung, die auf unserem Kurvenstück die vorgeschriebenen Anfangswerte annehmen und in einer hinreichend kleinen Nachbarschaft des Kurvenstückes dem System (I) genügen. Dabei seien die Koeffizienten von (I) vom Typus D_2 innerhalb eines die Anfangsdaten ganz enthaltenden Bereiches $\overline{\mathfrak{B}}$. Ferner sei das System für die Anfangsdaten vom hyperbolischen Typus.

Von grundlegender Bedeutung für die Auflösung des Problems ist die Schar der charakteristischen Kurven in der x, y-Ebene. Bekanntlich gelangt man in einfacher Weise durch folgende Fragestellung zu ihnen:

Sei $\xi(s)$, $\eta(s)$ die Parameterdarstellung einer regulären Kurve in der x, y-Ebene, auf der die Anfangswerte $u_i(s)$ stetig differenzierbar vorgegeben seien. Wir fragen jetzt, ob sich aus dem System (I) mit Hilfe der Streifenbedingungen die ersten Ableitungen der Funktionen: $u_i(x, y)$

$$p_i = \frac{\partial u_i}{\partial x}; \quad q_i = \frac{\partial u_i}{\partial y}$$

eindeutig errechnen lassen.

Sei erstens $\dot{\xi}(s) \neq 0$, so folgt:

$$\frac{d u_i}{d s} = p_i \dot{\xi} + q_i \dot{\eta}; \quad p_i = \frac{1}{\dot{\xi}} (\dot{u}_i - q_i \dot{\eta})$$

Dies in (I) eingesetzt, liefert:

$$(1) \quad \begin{cases} \sum a_{ik}(\dot{u}_k - q_k \dot{\eta}) + b_{ik} q_k \dot{\xi} = f_i \dot{\xi} \\ \sum (a_{ik} \dot{\eta} - b_{ik} \dot{\xi}) q_k = \sum a_{ik} \dot{u}_k - f_i \dot{\xi} \end{cases}$$

[3]) Den Anstoß zu der Arbeit gab ein unter Leitung von Herrn Prof. Dr. E. Hölder am Math. Inst. d. Universität Leipzig abgehaltenes Seminar.

Im zweiten Falle, daß $\dot{\xi}(s) = 0$, folgt:

$$\frac{d u_i}{d s} = q_i \dot{\eta} \qquad \Sigma a_{ik} p_k = -\Sigma \frac{1}{\dot{\eta}} b_{ik} \dot{u}_k + f_i$$

Längs der charakteristischen Richtungselemente sollen die p_k, q_k durch (I) nebst den Streifenbedingungen nicht eindeutig festgelegt sein. Daher sind dieselben identisch mit denjenigen, wofür die Determinante:

$$|a_{ik} \dot{\eta} - b_{ik} \dot{\xi}| = 0 \qquad \text{verschwindet.}$$

Ist eine der Determinanten etwa $|a_{ik}|$ ungleich Null, so kann die Richtung $\dot{\xi} = 0$ nicht charakteristisch sein, also folgt nach Division durch $\dot{\xi}^n$:

$$(1') \qquad \mu = \frac{d\eta}{d\xi} \qquad \Delta = |a_{ik} \mu - b_{ik}| = 0$$

Die n Wurzeln der Gleichung n-ten Grades: $\Delta = 0$ ergeben n charakteristische Richtungselemente, die, wie aus ihrer Bedeutung hervorgeht, gegenüber beliebigen regulären Transformationen der unabhängigen Variablen invariant sind. Es sind zwei Fälle zu unterscheiden:

A. Es liegt der soeben besprochene Fall vor, daß eine Determinante ungleich Null ist, dann laufen durch den betrachteten Punkt unter Berücksichtigung ihrer Vielfachheit n charakteristische Richtungen.

B. Wir können auch nicht durch geeignete Drehung es erreichen, daß eine der Determinanten nicht verschwindet. In diesem Fall ist also jede Richtung durch den betrachteten Punkt charakteristisch[4]).

Für das Folgende werden wir den Fall B ausschließen und annehmen, daß durch jeden Punkt unserer Anfangskurve n charakteristische Kurvenelemente verlaufen.

Damit nun das System (1) für ein charakteristisches Element überhaupt lösbar ist, müssen die Ableitungen der vorgelegten Funktionen $u_i(s)$ nach einer charakteristischen Richtung ge-

[4]) Um im Fall B Anschluß an die folgenden Betrachtungen zu gewinnen, vgl. die Arbeit von: RELLICH, Über die Reduktion gewisser ausgearteter Systeme von partiellen Differentialgleichungen. Math. Ann. Bd. 109 S. 714 ff.

wissen Verträglichkeitsbedingungen genügen. Wir können also längs einer charakteristischen Kurve die Anfangswerte nicht frei vorgeben. Es erscheint von vornherein klar, daß es für die Lösung des formulierten Anfangswertproblems von grundlegender Bedeutung sein wird, ob längs der Anfangskurve die charakteristischen Richtungselemente reell oder komplex ausfallen. Der hyperbolische Fall, mit dem wir uns in dieser Arbeit ausschließlich beschäftigen, liegt dann vor, wenn letztere sämtlich reell sind.

Wir denken uns zunächst das System (I) nach den Ableitungen: $q_i = \frac{\partial u_i}{\partial y}$ aufgelöst, was wir ohne Beschränkung der Allgemeinheit nach dem Vorigen als möglich annehmen können.

Führen wir die folgenden Matrizes ein:

$$\begin{pmatrix} 1\ 0\ 0 \cdots 0 \\ 0\ 1\ 0 \cdots 0 \\ \\ 0\ 0\ 0 \quad 1 \end{pmatrix} = \mathfrak{E}; \quad \begin{pmatrix} a_{11}, a_{12} \cdots a_{1n} \\ a_{21}, a_{22} \cdots a_{2n} \\ \\ a_{n1}, a_{n2} \cdots a_{nn} \end{pmatrix} = \mathfrak{A}; \quad \begin{pmatrix} \frac{\partial u_1}{\partial u_2}, 0 \cdots 0 \\ \frac{\partial u_2}{\partial x}, 0 \cdots 0 \\ \\ \frac{\partial u_n}{\partial x}, 0 \cdots 0 \end{pmatrix} = U_x$$

$$\begin{pmatrix} \frac{\partial u_1}{\partial y}, 0 \cdots 0 \\ \cdots 0 \\ \\ \frac{\partial u_n}{\partial y}, 0 \cdots 0 \end{pmatrix} = U_y; \quad \begin{pmatrix} f_1\ 0 \cdots 0 \\ f_2\ 0 \cdots 0 \\ \\ f_n\ 0 \cdots 0 \end{pmatrix} = \mathfrak{F}$$

so können wir das System (I) als die folgende Matrixgleichung auffassen:

(1) $$\mathfrak{A}\, U_x + \mathfrak{E}\, U_y = \mathfrak{F}$$

Bezeichnen wir jetzt mit $\mathfrak{P}$ diejenige invertierbare Matrix, welche die Reduktion von $\mathfrak{A}$ auf ihre WEIERSTRASSsche Normalform leistet, so ergibt sich:

$$\mathfrak{P}\mathfrak{A}\mathfrak{P}^{-1} = \mathfrak{D}$$

Daraus:

(2) $$\mathfrak{D}\mathfrak{P}\, U_x + \mathfrak{P}\, U_y = \mathfrak{P}\mathfrak{F}$$

Wegen $|\mathfrak{P}| \neq 0$ ist das System (2) mit (1) vollständig äquivalent. Die Normalform der Matrix $\mathfrak{A}$ habe die Gestalt:

$$\mathfrak{D} = \begin{pmatrix} D_1, & 0 \cdots 0 \\ 0, D_2 & \\ & \\ 0 & D_s \end{pmatrix} \qquad D_k = \begin{pmatrix} d_k, & \delta_k, & 0 \cdots 0 \\ 0, d_k, & \delta_k \cdots 0 & \\ & & \\ & \cdot\, 0, d_k, & \delta_k \\ 0, 0 \cdot & & \cdot\, d_k \end{pmatrix} \delta_k = \begin{cases} 0 \\ 1 \end{cases}$$

mit den zu den mehrfachen Wurzeln gehörigen Begleitmatrizes: D_k. Wenn wir wieder zur gewöhnlichen Schreibweise zurückkehren, erhalten wir für (2) ein System der folgenden Gestalt:

$$\sum_{l,k=1}^{u} d_{rl} p_{lk} \frac{\partial u_k}{\partial x} + \sum_{k=1}^{u} p_{rk} \frac{\partial u_k}{\partial y} = \sum_{k=1}^{u} p_{rk} f_k = T_r \tag{3}$$

Oder ausgeschrieben:

$$\text{II} \begin{cases} d_{11} \sum p_{1k} \frac{\partial u_k}{\partial x} + \delta_1 \sum p_{2k} \frac{\partial u_k}{\partial x} + \sum p_{1k} \frac{\partial u_k}{\partial y} = T_1 \\ d_{22} \sum p_{2k} \frac{\partial u_k}{\partial x} + \delta_1 \sum p_{3k} \frac{\partial u_k}{\partial x} + \sum p_{2k} \frac{\partial u_k}{\partial y} = T_2 \\ \\ d_{l-1,l-1} \sum p_{l-1,k} \frac{\partial u_k}{\partial x} + \delta_1 \sum p_{lk} \frac{\partial u_k}{\partial x} + \sum p_{l-1,k} \frac{\partial u_k}{\partial y} = T_{l-1} \\ d_{ll} \sum p_{lk} \frac{\partial u_k}{\partial x} + \sum p_{lk} \frac{\partial u_k}{\partial y} = T_l \\ \vdots \\ d_{ii} = \lambda_i = \frac{1}{\mu_i}, \quad \delta_i = 0, 1 \end{cases}$$

Für das Folgende nehmen wir an, die möglicherweise auftretenden Doppelwurzeln der charakteristischen Gleichung

$$|a_{ik} - \lambda \mathrm{I}| = 0 \tag{1'}$$

korrespondieren zu einfachen Elementarteilern. Dann sind alle $\delta_i = 0$. Weiter seien singuläre Fälle, wo etwa in einzelnen Punkten der Anfangskurve charakteristische Richtungen zusammenfallen, ausgeschlossen[5]). Eine Transformation der unabhängigen Variablen der Gestalt:

$$(4)\qquad \begin{cases} \bar{x} = x + a y\,; & x = \bar{x} - a\bar{y} \\ \bar{y} = y\,; & y = \phantom{\bar{x} - a}\bar{y} \end{cases}$$

transformiert umkehrbar eindeutig die gesuchten Funktionen $u_i(x, y)$ in solche $\bar{u}_i(\bar{x}, \bar{y})$, und wir haben für die Ableitungen:

$$\frac{\partial u_i}{\partial x} = \frac{\partial \bar{u}_i}{\partial \bar{x}}\,; \qquad \frac{\partial u_i}{\partial y} = \frac{\partial \bar{u}_i}{\partial \bar{y}} + \frac{\partial \bar{u}_i}{\partial \bar{x}}\,a$$

Folglich tritt in der Diagonalreihe der transformierten Matrix $\mathfrak{A}$ des Systems (I) additiv die Konstante a auf.

Die Ausgangskurve $\mathfrak{L}$ geht vermöge (4) über in eine ebensolche $\bar{\mathfrak{L}}$ in der $\bar{x}, \bar{y}$-Ebene. Bezeichnen wir die charakteristischen Wurzeln nach der Transformation (4) mit $\bar{\lambda}_i$, so gilt: $\bar{\lambda}_i = \lambda_i + a$. Durch geeignete Wahl von a können wir etwa erreichen, daß auf der Anfangskurve die $\bar{\lambda}_i$ alle dasselbe Vorzeichen haben.

Wir setzen jetzt voraus, die Anfangskurve $\mathfrak{L}$: $y = \varphi(x)$ habe in keinem Punkt eine in eine charakteristische Richtung fallende Tangente. Wegen der vorausgesetzten Stetigkeit der Anfangsdaten können wir offenbar das zu betrachtende Stück $x_0 \leq x \leq x_1$ der Anfangskurve in Abschnitte S_i der folgenden Beschaffenheit zerlegen:

Längs S_i gilt einer der beiden Fälle:

A. Die beiden äußersten charakteristischen Richtungen bilden einen spitzen Winkel miteinander.

B. Sie bilden einen stumpfen einschließlich rechten Winkel miteinander.

Dabei bezieht sich der Begriff „äußerst" in folgendem Sinne auf die Anfangslinie: Denkt man sich in P auf $\mathfrak{L}$ die Kurventangente um zwei rechte gedreht, so fällt sie nacheinander mit

---

[5]) Wir bezeichnen das Anfangswertproblem als singulär, wenn in einem Punkt $P(x_0, y_0)$ auf $\mathfrak{L}$ zwei charakteristische Wurzeln λ bzw. λ' zusammenfallen, jedoch in jeder noch so kleinen Umgebung des Wertesystems: (x_0, y_0, u_{k0}) sich Werte angeben lassen, wofür $\lambda \neq \lambda'$ wird $(u_k(x_0, y_0) = u_{k0}$ gesetzt).

den n charakteristischen Richtungen zusammen. Die erste und die letzte, mit der sie zusammenfällt, sollen die beiden äußersten charakteristischen Richtungen sein.

Wir stellen nacheinander für die einzelnen Abschnitte S_i das Anfangswertproblem. Offenbar können wir durch geeignete Drehung des Koordinatensystems nebst eventuell weiterer Aufteilung der Abschnitte S_i in Unterabschnitte S_{ik} es stets erreichen, daß längs S_{ik} die Ableitung $y' = \varphi'(x) > 0$ ist, und im Falle A alle n charakteristischen Richtungen längs S_{ik} im neuen System negativ werden (vgl. Fig. 2). Im Falle B treffen wir eine

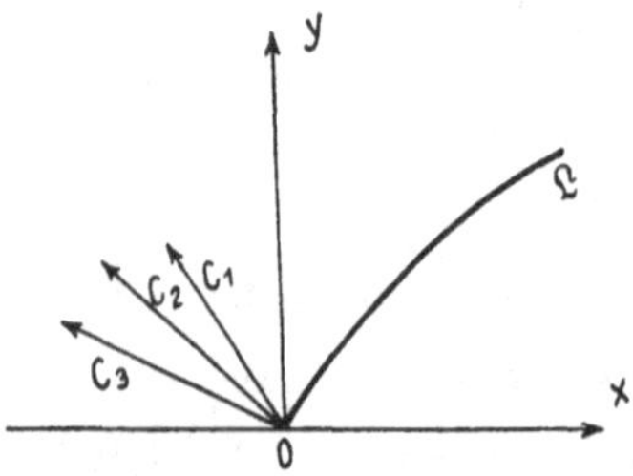

Fig. 2

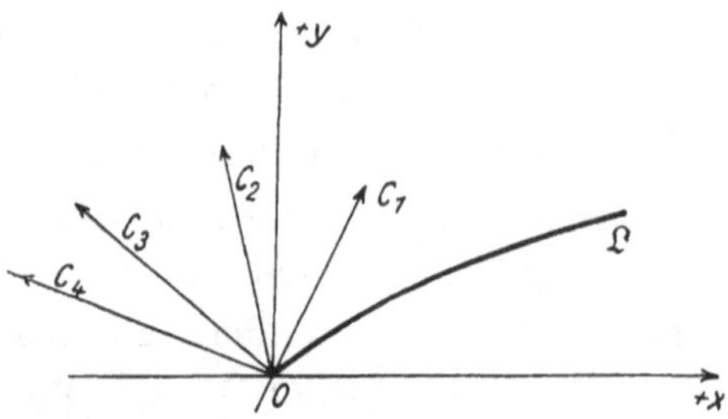

Fig. 3

solche Aufteilung in Unterabschnitte S_{ik}, daß längs S_{ik} eventuell nach geeigneten Drehungen des Koordinatensystems der Winkelbereich zwischen Kurvenrichtung, die wieder positiv verlaufen soll, und positiver x-Achse keine charakteristische Richtung enthält (vgl. Fig. 3).

Wir stellen jetzt nacheinander für jeden der soeben konstruierten Unterabschnitte S_{ik} das Anfangswertproblem, nachdem wir zuvor durch geeignete Drehungen eine der eben beschriebenen Lagen des Koordinatensystems hergestellt haben. Sei S_{11} ein Unterabschnitt, d. h. $\varphi'(x) > 0$; für die charakteristischen Richtungen liege entweder Fall A oder B vor. Wir wenden die Transformation (4) an und verfügen über die Konstante a sogleich in geeigneter Weise:

$$S_{11}: \qquad y = \varphi(x); \quad x_0 \leq x \leq x_1'$$

Nach Anwendung von (4) geht S_{11} über in $\bar{S}_{11}$:

$$(5)\quad \begin{cases} \bar{S}_{11} \qquad \bar{y} - \varphi(\bar{x} - a\bar{y}) = F(\bar{x}, \bar{y}) = 0 \\ \dfrac{d\bar{y}}{d\bar{x}} = \bar{y}' = \dfrac{\varphi_x(\bar{x} - a\bar{y})}{1 + \varphi_x(\bar{x} - a\bar{y})\,a} = \dfrac{y'}{1 + a y'}, \rightarrow \dfrac{1}{\bar{y}'} = \dfrac{1}{y'} + a \\ \bar{y}' < 0 \quad \text{für: } -\infty \leq a < -\dfrac{1}{y'}, \qquad \dfrac{1}{y'} > 0 \\ \bar{y}' > 0 \quad \text{für: } -\dfrac{1}{y'} < a \leqq +\infty \end{cases}$$

Wegen der Invarianz der charakteristischen Richtungen unterliegen die Wurzeln λ_i der gleichen Transformation (5). Wenn wir durch die umkehrbar eindeutige Transformation

$$(6)\qquad \bar{y} = \tilde{y}\,; \quad \bar{y}(\bar{x}) = -\tilde{x}\,; \quad \bar{y}'(\bar{x}) \neq 0$$

$\bar{S}_{11}$ auf einen Abschnitt L der Geraden: $\tilde{x} + \tilde{y} = 0$ abbilden, so entsteht aus dem System (II) wegen der Transformationsformeln für die ersten Ableitungen:

$$\frac{\partial \bar{u}_i}{\partial \bar{x}} = \frac{\partial \tilde{u}_i}{\partial \tilde{x}} \left[-\bar{y}'(\bar{x}) \right]; \quad \frac{\partial \bar{u}_i}{\partial \bar{y}} = \frac{\partial \tilde{u}_i}{\partial \tilde{y}}$$

ein solches, in dem die Ableitungen nach $\tilde{x}$ den gemeinsamen Faktor: $(-\bar{d}_{ii}\bar{y}')$ haben.

Im Falle A sind längs S_{11} die λ_i negativ; es genügt daher bei der Transformation (4) $a = 0$ zu wählen, so daß auf dem Abschnitt L die Produkte: $(-\bar{d}_{ii} \cdot \bar{y}')$ positiv werden.

Im Falle B sei nach Voraussetzung in **0**:

$$\lambda_1, \lambda_2, \ldots, \lambda_l > 0 \quad \operatorname{Max}(\lambda_1, \cdots \lambda_l) < b_0\,; \; b_0 < \left(\frac{1}{y'}\right)$$

Wegen der Stetigkeit der Daten können wir um jeden Punkt eine Nachbarschaft Σ angeben, so daß es zu jeder solchen eine reelle Zahl c gibt, so daß:

$$\operatorname{Max} \lambda_i < c < \frac{1}{y'} \quad \text{in } \Sigma$$

Indem wir jetzt für ein solches Kurvenstück Σ das Anfangswertproblem stellen, wenden wir zuvor die Transformation (4) mit dem Parameterwert $a = -c$ an. Es werden dann alle $\bar{\lambda}_i$ negativ, während $\tilde{y}'$ positiv bleibt. Längs des Bildes von Σ auf $\tilde{x} + \tilde{y} = 0$ bleiben daher die umstehenden Produkte positiv.

Zusammenfassend stellen wir fest:

Wir können die vorgelegte Anfangskurve in geeigneter Weise in Teilstücke aufteilen und diese Teilstücke durch umkehrbar eindeutige Transformationen auf Stücke L der Geraden: $\tilde{x} + \tilde{y} = 0$ abbilden, so daß jeweils längs L die entstehenden Differentialgleichungen die Form (III) haben:

$$\text{(III)} \qquad \begin{cases} \alpha_1 \sum p_{1k} \dfrac{\partial u_k}{\partial x} + \sum p_{1k} \dfrac{\partial u_k}{\partial y} = T_1 \\ \alpha_2 \sum p_{2k} \dfrac{\partial u_k}{\partial x} + \sum p_{2k} \dfrac{\partial u_k}{\partial y} = T_2 \\ \\ \alpha_n \sum p_{nk} \dfrac{\partial u_k}{\partial x} + \sum p_{nk} \dfrac{\partial u_k}{\partial y} = T_n \end{cases} \qquad \alpha_i > 0$$

Hierbei haben wir $\tilde{x}$, $\tilde{y}$ wieder mit x, y bezeichnet.

Bekanntlich findet man die Koeffizienten einer Transformationsmatrix $\mathfrak{P}$ mit Hilfe ganzer rationaler Rechnungen aus den Koeffizienten a_{ik} des Systems (I) und den charakteristischen Wurzeln. Die p_{ik} sind also hinsichtlich ihrer Argumente von der gleichen Differenzierbarkeitsordnung wie die a_{ik}, so daß die Koeffizienten von (III) im zugrunde gelegten Wertebereich vom Typus D_2 sind.

Ist das zu (III) gehörige Anfangswertproblem gelöst, so kennen wir auch für hinreichend kleine Umgebungen ein Lösungssystem des Anfangswertproblems (I). Es genügt daher, uns von nun ab nur noch mit dem folgenden Anfangswertproblem zu beschäftigen: Längs eines Abschnittes L auf der Geraden $x + y = 0$ sind Anfangswerte: $u_i(s)$ als Funktionen der Bogenlänge des Typus D_2 vorgeschrieben. Gesucht wird ein Lösungssystem zu (III) mit stetigen partiellen Ableitungen erster Ordnung, das auf L die Anfangswerte annimmt. Hierbei sind die Koeffizienten innerhalb eines die Anfangswerte ganz enthaltenden Bereiches vom Typus D_2, ferner seien längs L die $\alpha_i > 0$, und die Determinante

$$\Delta = |p_{ik}| > \delta > 0$$

Längs L bestimmen die $u_i(s)$, x, y im $(n+2)$ dimensionalen Raum ein Kurvenstück. Wir denken uns dieses Kurvenstück innerhalb eines abgeschlossenen Bereiches $\mathfrak{B}$ liegend, daß erstens die Koeffizienten in $\mathfrak{B}$ vom Typus D_2 sind, zweitens die $\alpha_i > 0$, und drittens: $|p_{ik}| > \delta > 0$ bleiben.

Entsprechend dem Lewyschen Differenzenverfahren überdecken wir die x, y-Ebene mit einem quadratischen Gitter der Maschenweite h (vgl. Fig. 4). Wir ersetzen in (III) die Differentialquotienten durch ihre entsprechenden Differenzenquotienten. Wir fassen ferner bei allen zu treffenden Gitterteilungen nur solche Umgebungen von L in der Halbebene $x+y \geq 0$ ins Auge, die zu unserem Bereich $\mathfrak{B}$ gehören.

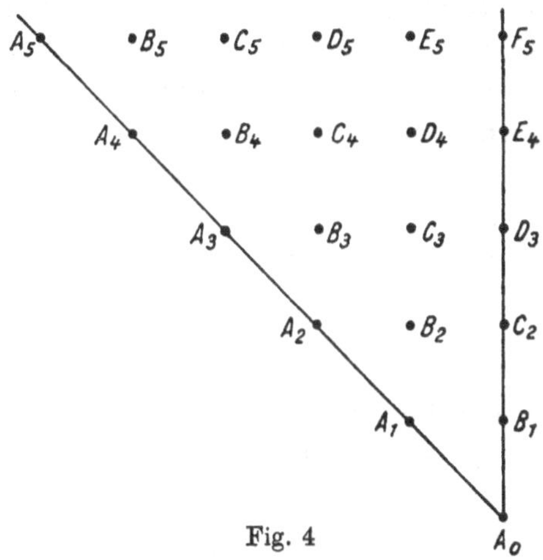

Fig. 4

Die Ersetzung der Differentialquotienten in (III) durch ihre entsprechenden Differenzenquotienten liefert beispielsweise im Gitterpunkt B_3 ein System (III'_{B_3}), von dem wir der Einfachheit halber jeweils nur die ersten Glieder hinschreiben. Bei u_1 lassen wir den Index weg. [(III'_{B_3}) soll andeuten, daß das System im Gitterpunkt B_3 zu bilden ist.]

$$(\mathrm{III}'_{B_3}) \begin{cases} \alpha_{1B_3}\left(p_{11B_3}\dfrac{u_{C_3}-u_{B_3}}{h}+\cdots\right)+\left(p_{11B_3}\dfrac{u_{C_3}-u_{B_2}}{h}+\cdots\right)=T_{1B_3} \\ \alpha_{2B_3}\left(p_{21B_3}\dfrac{u_{C_3}-u_{B_3}}{h}+\cdots\right)+\left(p_{21B_3}\dfrac{u_{C_3}-u_{B_2}}{h}+\cdots\right)=T_{2B_3} \\ \\ \alpha_{nB_3}\left(p_{n1B_3}\dfrac{u_{C_3}-u_{B_3}}{h}+\cdots\right)+\left(p_{n1B_3}\dfrac{u_{C_3}-u_{B_2}}{h}+\cdots\right)=T_{nB_3} \end{cases}$$

(III'_{B_3}) gestattet Werte für die u_i in C_3 eindeutig zu errechnen, vorausgesetzt, daß wir uns auf der Reihe der B_i noch im Bereiche $\mathfrak{B}$ befinden; denn die Determinante des Systems ist dann sicher $> \delta > 0$, wie man sofort erkennt. Kennt man die Werte für u_i in den Gitterpunkten C_i, so errechnen sich in analoger Weise die Werte in den Punkten D_i der folgenden Schrägreihe, vorausgesetzt, wir befanden uns in den Punkten C_i im Bereiche $\mathfrak{B}$ usw.

Unter Hinzuziehung einer von FRIEDRICHS und LEWY stammenden Schlußweise werden wir jetzt zeigen, daß die ersten Differenzenquotienten:

$$\left[\frac{\partial u_i}{\partial x}\right] = u_i'; \quad \left[\frac{\partial u_i}{\partial y}\right] = u_i^{\backprime}$$

gleichmäßig in bezug auf die Maschenweite h beschränkt bleiben, solange wir uns im Bereiche $\mathfrak{B}$ befinden.

Ersetzt man, um eine bestimmte Schrägreihe ins Auge zu fassen, die Differenzenquotienten:

$$\frac{1}{h}(u_{C_3} - u_{B_2}) \cdots$$

durch $\frac{u_{C_3} - u_{B_3}}{h} + \frac{u_{B_3} - u_{B_2}}{h} \cdots$, so folgt unter der Voraussetzung, wir befinden uns in $\mathfrak{B}$, daß die Differenzenquotienten $\frac{u_{C_3} - u_{B_2}}{h} \cdots$ absolut kleiner als sR bleiben, wenn die $\frac{u_{B_3} - u_{B_2}}{h} \cdots$ unter R bleiben. Das gleiche gilt für $\frac{u_{C_3} - u_{B_2}}{h} \cdots$ usw. Bleiben ferner die Linearformen:

$$(\mathfrak{L})_{A_3} \quad \begin{cases} \left(p_{11A_3} \dfrac{u_{B_3} - u_{B_2}}{h} + \cdots\right) \\ \left(p_{21A_3} \dfrac{u_{B_3} - u_{B_2}}{h} + \cdots\right) \\ \\ \left(p_{n1A_3} \dfrac{u_{B_3} - u_{B_2}}{h} + \cdots\right) \end{cases}$$

absolut unter der Schranke M, so liegen auch die $\frac{u_{B_3}-u_{B_2}}{h}\ldots$ absolut unter $r\,M$, wobei r nur vom Bereich $\mathfrak{B}$ abhängig ist. Wir werden jetzt die gleichmäßige Beschränktheit der Linearformen des Typus ($\mathfrak{L}$) in einer Nachbarschaft von L für den Bereich $\mathfrak{B}$ nachweisen, womit wir zugleich auch diejenige der Differenzenquotienten u_i' bzw. u_i' erwiesen haben. Zu diesem Zweck subtrahieren wir entsprechende Gleichungen der Systeme III'_{B_2} von denen von III'_{B_3} und formen in folgender Weise um:

$$\text{III}(+)\left\{\begin{aligned}
&\alpha_{lB_3}\left[p_{l1B_3}\frac{u_{C_3}-u_{B_3}}{h}+\cdots\right]+\left[p_{l1B_3}\frac{u_{C_3}-u_{B_2}}{h}+\cdots\right]\\
&-\alpha_{lB_2}\left[p_{l1B_2}\frac{u_{C_2}-u_{B_2}}{h}+\cdots\right]-\left[p_{l1B_2}\frac{u_{C_2}-u_{B_1}}{h}+\cdots\right]=T_{lB_3}-T_{lB_2}\\[2ex]
&\alpha_{lB_3}\left\{p_{l1B_3}\frac{1}{h}(u_{C_3}-u_{B_3}-u_{C_2}+u_{B_2})+\cdots\right\}\\
&\quad+\left\{p_{l1B_3}\frac{1}{h}(u_{C_3}-u_{B_2}-u_{C_2}+u_{B_1})+\cdots\right\}\\
&\quad+h\left\{\left(\frac{u_{C_2}-u_{B_2}}{h}\right)\left(\frac{\alpha_{lB_3}p_{l1B_3}-\alpha_{lB_2}p_{l1B_2}}{h}\right)+\cdots\right\}\\
&\quad+h\left\{\left(\frac{u_{C_2}-u_{B_1}}{h}\right)\left(\frac{p_{l1B_3}-p_{l1B_2}}{h}\right)+\cdots\right\}=T_{lB_3}-T_{lB_2}\\[2ex]
&(\alpha_{lR_3}+1)\left\{p_{l1B_3}\frac{u_{C_3}-u_{C_2}}{h}+\cdots\right\}\\
&\quad=\alpha_{lB_3}\left\{p_{l1A_3}\frac{u_{B_3}-u_{B_2}}{h}+\cdots\right\}\\
&+\left\{p_{l1A_2}\frac{u_{B_2}-u_{B_1}}{h}+\cdots\right\}+h\,\alpha_{lB_3}\left\{\left(\frac{u_{B_3}-u_{B_2}}{h}\right)\left(\frac{p_{l1B_3}-p_{l1A_3}}{h}\right)+\cdots\right\}\\
&h\left\{\left(\frac{u_{B_3}-u_{B_1}}{h}\right)\left(\frac{p_{l1B_3}-p_{l1A_2}}{h}\right)+\cdots\right\}\\
&-h\left\{\left(\frac{u_{C_2}-u_{B_2}}{h}\right)\left(\frac{\alpha_{lB_3}p_{l1B_3}-\alpha_{lB_2}p_{l1B_2}}{h}\right)+\cdots\right\}\\
&-h\left\{\left(\frac{u_{C_2}-u_{B_1}}{h}\right)\left(\frac{p_{l1B_3}-p_{l1B_2}}{h}\right)+\cdots\right\}+h\,\frac{T_{lB_3}-T_{lB_2}}{h}\\
&\qquad l=1,2\cdots n
\end{aligned}\right.$$

Liegen die Linearformen des Typus ($\mathfrak{L}$) längs A_i unter der Schranke M, so erhalten wir für $\left| p_{11B_i} \frac{u_{C_i} - u_{C_{i-1}}}{h} + \cdots \right|$ die Abschätzung:

$$\left| p_{11B_i} \frac{u_{C_i} - u_{C_{i-1}}}{h} + \cdots \right| < M + hqM^2$$

Hierbei hängt q nur von $\mathfrak{B}$ ab. Letzteres sieht man wie folgt ein: Wir entwickeln die Differenzen:

$$(p_{11B_3} - p_{11A_3}) \cdots; \quad (p_{11B_3} - p_{11A_2}) \cdots;$$

$$(\alpha_{1B_3} p_{11B_3} - \alpha_{1B_2} p_{11B_2}) \cdots; \quad (p_{11B_3} - p_{11B_2}) \cdots; \quad (T_{1B_3} - T_{1B_2})$$

nach dem Mittelwertsatz und berücksichtigen die Bemerkungen auf S. 16. Alsdann dividieren wir durch $(1 + \alpha_{1B_3}) > 1$ und wenden den folgenden Hilfssatz an:

Sind $\tau_i > 0$ beliebig vorgegeben, und $\tau_1 + \tau_2 + \cdots + \tau_n = 1$, so liegt der Wert der Summe:

$$S = \tau_1 A_1 + \tau_2 A_2 + \cdots \tau_n A_n$$

zwischen Max A_i und Min A_i.

Führen wir obige Abschätzungen auch in den restlichen Zeilen durch, so finden wir für die absoluten Beträge der n Linearformen $\mathfrak{L}_j$ längs der Schrägreihe der Gitterpunkte B_i die Abschätzung:

$$|\mathfrak{L}_j|_{B_i} < M + hkM^2$$

In den folgenden Schrägreihen können wir mit der gleichen festen Konstanten k den Schluß wiederholen, falls wir uns in $\mathfrak{B}$ befinden, usw. Bezeichnen wir Schranken für die $\mathfrak{L}_j$ längs der einzelnen Schrägreihen der Reihe nach mit $M_1, M_2 \cdots M_k$ so finden wir:

$$\frac{M_{\nu+1} - M_\nu}{h} = k M_\nu^2$$

Die Lösungen dieser Differenzengleichung werden von den entsprechenden Lösungen der Differentialgleichung:

$$\frac{dM}{dh} = kM^2$$

majorisiert.

Weil die $\mathfrak{L}_j$ auf dem Stück L der Anfangsgeraden gleichmäßig beschränkt bleiben, bleiben sie es daher auch innerhalb eines sich an L anschließenden Gebietes der Halbebene: $x + y \geq 0$, in dem die u_i, x, y in $\mathfrak{B}$ liegen.

Aus den früheren Bemerkungen folgt, daß die ersten Differenzenquotienten u_i' bzw. $u_i^{\backprime}$ selbst in dem obigen Bereiche gleichmäßig beschränkt bleiben. Daher können wir schließlich ein an L angrenzendes Gebiet $\mathfrak{D}$ in der Halbebene $x + y \geq 0$ angeben, in dem für alle genügend kleinen Maschenweiten die nach dem skizzierten Verfahren errechneten Werte in $\mathfrak{B}$ bleiben und die ersten Differenzenquotienten gleichmäßig beschränkt sind.

Man sieht leicht ein, daß die Differenzenquotienten bis zur νten Ordnung gleichmäßig an einer zu L parallelen Schrägreihe L^* beschränkt bleiben, wenn dasselbe lediglich von den Differenzenquotienten bis zur νten Ordnung, längs L^* genommen, gilt, vorausgesetzt, wir befinden uns in $\mathfrak{B}$.

Um letzteres für den Fall $\nu = 2$ ($\ddot{u}_i$ gleichmäßig beschränkt) einzusehen, ersetze man in III′:

$$u_k^{\backprime} \to u_k' + \sqrt{2}\, \dot{u}_k$$

subtrahiere die entsprechenden Gleichungen von III'_{B_2} von denen von III'_{B_3} und dividiere durch h. Nach den üblichen Umformungen entsteht ein System IV'_{B_3}, aus dem die gleichmäßige Beschränktheit von $\dot{u}_i'$ ohne weiteres ersichtlich ist. Die Subtraktion von III'_{B_3} von III'_{C_3} nebst analogen Umformungen liefert ein System V'_{B_3}, aus dem mit Benutzung des früheren die gleichmäßige Beschränktheit der u_i'' folgt. In gleicher Weise bestätigt man die Behauptung für die $\dot{u}_i^{\backprime}$, $u_i^{\backprime\backprime}$.

Ist neben $\ddot{u}_i$ auch noch $\dddot{u}_i$ gleichmäßig beschränkt und die Koeffizienten vom Typus D_2, so bilde man dem Vorigen analog:

$$\text{IV}'_{B_4} - \text{IV}'_{B_3}$$

und erhält die gleichmäßige Beschränktheit von $\ddot{u}_i'$. Alsdann bilde man:

$$\text{V}'_{B_4} - \text{V}'_{B_3}$$

und erhält die gleichmäßige Beschränktheit von $\dot{u}_i''$ aus dem resultierenden System: VI'_{B_4}.

Schließlich liefert: $(\mathrm{V}'_{C_4} - \mathrm{V}'_{B_4})$ ein System, welches unter Benützung der vorangegangenen Resultate die Behauptung für u_i''' ersehen läßt, usw. Für $\nu > 3$ gelten analoge Resultate, doch haben diese für das Folgende keine Bedeutung.

Wir erkennen jetzt, daß unsere Voraussetzungen es gestatten, das soeben skizzierte Abschätzungsverfahren auch noch auf die zweiten Differenzenquotienten auszudehnen. Wir gehen von einem Gleichungssystem VII aus, welches aus den Gleichungen des Systems III (+) nach Division durch h nebst den üblichen Umformungen entsteht.

$$\mathrm{VII} \quad \left\{ \begin{aligned} & \alpha_{l B_3} \left\{ p_{l 1 B_3} \frac{1}{h} \left(\frac{u_{C_3} - u_{C_2}}{h} - \frac{u_{B_3} - u_{B_2}}{h} \right) + \cdots \right\} \\ & + \left\{ p_{l 1 B_3} \frac{1}{h} \left(\frac{u_{C_3} - u_{C_3}}{h} - \frac{u_{B_2} - u_{B_1}}{h} \right) + \cdots \right\} \\ & = \frac{T_{l B_3} - T_{l B_2}}{h} - \left\{ \left(\frac{u_{C_2} - u_{B_2}}{h} \right) \left(\frac{\alpha_{l B_3} p_{l 1 B_3} - \alpha_{l B_2} p_{l 1 B_2}}{h} \right) + \cdots \right\} \\ & - \left\{ \left(\frac{u_{C_2} - u_{B_1}}{h} \right) \left(\frac{p_{l 1 B_3} - p_{l 1 B_2}}{h} \right) + \cdots \right\} \\ & l = 1, 2 \cdots n \end{aligned} \right.$$

Die Gleichungen VII entsprechen in Hinblick auf das zu treffende Abschätzungsverfahren den Gleichungen des Systems III', dem Ausgangspunkt zur Abschätzung der ersten Differenzenquotienten. Setzen wir etwa:

$$\frac{u_{C_3} - u_{C_2}}{h} = \bar{u}_{C_3}; \quad \frac{u_{B_3} - u_{B_2}}{h} = \bar{u}_{B_3}; \quad \frac{u_{B_2} - u_{B_1}}{h} = \bar{u}_{B_2} \text{ usw.}$$

so erkennen wir leicht, daß wir in vollkommener Analogie die füheren Schlüsse wiederholen können, wobei wir die bereits erwiesenen Schranken für die ersten Differenzenquotienten mit hinzuziehen. Wir subtrahieren etwa, um einen bestimmten Gitterpunkt ins Auge zu fassen, die Gleichungen VII_{B_3} von den entsprechenden des Systems VII_{B_4} und führen die analogen Umformungen wie auf S. 17ff. durch. Bei der Abschätzung machen wir von den im Bereich $\mathfrak{D}$ gültigen Lipschitzbedingungen der ersten partiellen Ableitungen Gebrauch. Es ergibt sich, daß innerhalb einer Umgebung $\mathfrak{D}$ von L auch noch alle zweiten Differenzenquotienten gleichmäßig beschränkt bleiben.

Hätten wir die Ordnungszahlen D_ν in unseren Voraussetzungen um eins erhöht, so könnten wir das soeben beschriebene Schlußverfahren nochmals durchführen und die gleichmäßige Beschränktheit aller dritten Differenzenquotienten erweisen.

Es verbleibt noch zu zeigen, daß der Grenzübergang lim $h \to 0$ Funktionen $u_i(x, y)$ mit stetigen partiellen Ableitungen erster Ordnung liefert, die das System III befriedigen und auf L die vorgeschriebenen Anfangswerte annehmen. Ich verweise dabei auf den in meiner Arbeit[6]) gelieferten Beweis der Konvergenz des Differenzenverfahrens, aus dem man sogleich ersieht, wie sich im vorliegenden Fall der Beweis gestaltet. Aus dem Konvergenzbeweis sieht man sogleich, daß die Lösungsfunktionen vom Typus D_2 sind. In dem oben angedeuteten Fall, daß in unseren Voraussetzungen die Ordnungszahlen D_ν um eins höher wären, könnten wir zeigen, daß ein Lösungssystem $u_i(x, y)$ des Typus D_3 existiert.

Nachdem so die Existenz von Lösungen des Anfangswertproblems sichergestellt ist, wenden wir uns jetzt dem Beweis der Eindeutigkeit der Lösungen zu. Wir werden uns dabei, um Weiterungen zu vermeiden, auf ein Lösungssystem mit stetigen partiellen Ableitungen erster Ordnung sowie stetigen Ableitungen: $\ddot{u}_i$, $\dot{u}_i^{\grave{}}$, $\dot{u}_i'$ beschränken.

---

[6]) Existenz- und Eindeutigkeitsbeweise für das Differenzenverfahren zur Lösung des Anfangswertproblems, des gemischten Anfangs-, Randwert- und des charakteristischen Problems einer hyperbolischen Differentialgleichung zweiter Ordnung mit zwei unabhängigen Variablen.

Bericht über die Verhandlung der Sächsischen Akademie Math. nat. Klasse Bd. 97 Heft 4.

Eindeutigkeitsbeweis

Sei $\bar{u}_i(x, y)$ ein zweites Lösungssystem unseres Anfangswertproblems III mit stetigen Ableitungen erster Ordnung sowie stetigen Ableitungen: $\ddot{\bar{u}}_i$, $\dot{\bar{u}}_i'$, $\dot{\bar{u}}_i^{\backprime}$.

Wir denken uns zunächst das System III für beide Lösungssysteme gebildet und die Ableitungen $u_i^{\backprime}$ bzw. $\bar{u}_i^{\backprime}$ durch $u_i' + \sqrt{2}\,\dot{u}_i$ bzw. $\bar{u}_i' + \sqrt{2}\,\dot{\bar{u}}_i$ ersetzt. Wegen der Stetigkeit der Ableitungen streben im abgeschlossenen Gebiet $\mathfrak{D}$ die Differenzenquotienten gleichmäßig gegen ihre zugehörigen Differentialquotienten. Ersetzen wir daher in den beiden Systemen die Differentialquotienten durch die entsprechenden Differenzenquotienten und subtrahieren beide Systeme voneinander, so sind jeweils auf den rechten Seiten noch Korrekturgrößen ε_i anzubringen, die in $\mathfrak{D}$ mit h gleichmäßig gegen Null konvergieren. Nach geeigneter Umformung erhalten wir das folgende System I:

$$
\text{I}\qquad
\begin{cases}
\quad \bar{\alpha}_l \sum \bar{p}_{lk}\,\bar{u}_k' + \sum \bar{p}_{lk}\,(\bar{u}_k' + \sqrt{2}\,\dot{\bar{u}}_k) \\
\quad - \alpha_l \sum p_{lk}\,u_k' - \sum p_{lk}\,(u_k' + \sqrt{2}\,\dot{u}_k) = \bar{T}_l - T_l + \varepsilon_l \\[1ex]
(1 + \bar{\alpha}_l) \sum \bar{p}_{lk}\,(\bar{u}_k' - u_k') = - \sum (\bar{\alpha}_l\,\bar{p}_{lk} - \alpha_l\,p_{lk})\,u_k' \\
\quad - \sum (\bar{p}_{lk} - p_{lk})\,u_k' - \sum \bar{p}_{lk}\,(\sqrt{2}\,\dot{\bar{u}}_k - \sqrt{2}\,\dot{u}_k) \\
\quad - \sum (\bar{p}_{lk} - p_{lk})\sqrt{2}\,\dot{u}_k + (\bar{T}_l - T_l) + \varepsilon_l \\
\quad \operatorname{Max} |\varepsilon_i| < \varepsilon \qquad\qquad l = 1, 2 \cdots n
\end{cases}
$$

Ein analoges System ergibt sich für die Differenzen:

$$(\bar{u}_k^{\backprime} - u_k^{\backprime})$$

Wir entwickeln:

$$(\bar{\alpha}_l\,\bar{p}_{lk} - \alpha_l\,p_{lk}),\quad (\bar{p}_{lk} - p_{lk})$$

nach dem Mittelwertsatz. Im Falle, es gilt:

$$|\bar{u}_k - u_k| \leq \varepsilon,$$

und es bleiben die folgenden Linearformen längs einer zur Anfangsgeraden parallelen Schrägreihe L':

$$|(\bar{L}_l^*)| = |\sum \bar{p}_{lk}^*(\dot{\bar{u}}_k - \dot{u}_k)| < \varepsilon$$

(p^*_{lk} soll bedeuten, daß die Linearkombinationen in analoger Weise wie beim Beweise des Existenzsatzes zu bilden sind), so ergibt sich für die Differenzen an L' die Abschätzung:

$$|\bar{u}'_k - u'_k| < \varepsilon R; \quad |\bar{u}^{\backprime}_k - u^{\backprime}_k| < \varepsilon R$$

R ist dabei eine feste für ganz $\mathfrak{D}$ gültige Konstante. Nehmen wir jetzt an, es wäre bereits nachgewiesen, daß obige Linearformen stets kleiner als ε blieben, so folgt aus $u_i = \bar{u}_i$ längs L, daß auf allen Schrägreihen L' mit einem Abstand $< \frac{1}{2}\sqrt{2}c$ von L die Ungleichung gilt:

$$|\bar{u}_k - u_k|_{L'} < \varepsilon R c$$

d. h. für $c \leq \frac{1}{R}$:

$$|\bar{u}_k - u_k|_{L'} < \varepsilon$$

Wir werden für das Weitere nur noch denjenigen Teilbereich von $\mathfrak{D}$ ins Auge fassen, für dessen Punkte die Ungleichungen gelten:

$$0 \leq x + y \leq \frac{1}{R} \tag{1}$$

Wir differenzieren jetzt die Systeme III, für die u_i bzw. $\bar{u}_i$ gebildet, nach der zur Anfangsgeraden parallelen Richtung und subtrahieren daraufhin die entsprechenden Gleichungen der beiden Systeme voneinander. Man erhält:

Aus:

$$\bar{\alpha}_l \sum \bar{p}_{lk}\, \dot{\bar{u}}'_k + \sum \bar{p}_{lk}\, \dot{\bar{u}}^{\backprime}_k = \dot{\bar{T}}_l - \sum \overline{\alpha_l \dot{p}_{lk}}\, \bar{u}'_k - \sum \dot{\bar{p}}_{lk}\, \bar{u}^{\backprime}_k; \quad l = 1, 2 \cdots n$$

$$\text{II} \quad \begin{cases} \bar{\alpha}_l \sum \bar{p}_{lk} (\dot{\bar{u}}'_k - \dot{u}'_k) + \sum \bar{p}_{lk} (\dot{\bar{u}}^{\backprime}_k - \dot{u}^{\backprime}_k) \\ = - \sum (\bar{\alpha}_l \bar{p}_{lk} - \alpha_l p_{lk})\, \dot{u}'_k - \sum (\bar{p}_{lk} - p_{lk})\, \dot{u}^{\backprime}_k \\ + (\dot{\bar{T}}_l - \dot{T}_l) - \sum (\overline{\alpha_l \dot{p}_{lk}} - (\alpha_l \dot{p}_{lk}))\, \bar{u}'_k \\ - \sum (\alpha_l \dot{p}_{lk}) (\bar{u}'_k - u'_k) - \sum (\dot{\bar{p}}_{lk} - \dot{p}_{lk})\, \bar{u}^{\backprime}_k \\ - \sum \dot{p}_{lk} (\bar{u}^{\backprime}_k - u^{\backprime}_k) \qquad l = 1, 2 \cdots n \end{cases}$$

Nach der Ersetzung der Differentialquotienten durch ihre entsprechenden Differenzenquotienten sind wieder Korrekturgrößen $\bar{\varepsilon}_\gamma$ anzubringen, welche mit h gleichmäßig in $\mathfrak{D}$ gegen Null konvergieren. Hierbei bilden wir die Differenzenquotienten in den Gitterpunkten in dergleichen Weise wie beim Beweise des Existenzsatzes. Wir können die Gleichungen des Systems danach offenbar so umformen, daß wir für die Linearformen des Typus $(\bar{L}_l^*)$ S. 22 ein System des Typus III(+) erhalten. Die auftretenden Differenzen formen wir in gewohnter Weise mit Hilfe des Mittelwertsatzes um. Dabei denken wir uns bei vorgegebenen $\varepsilon > \text{Max}\,(\bar{\varepsilon}_l, \varepsilon_l)$ die Maschenweite bereits so klein gewählt, daß wir als Zwischenwerte bei Anwendung des Mittelwertsatzes noch die Werte in den Gitterpunkten selbst nehmen können. Es ist möglich, ein Abschätzungsverfahren für die Linearformen:

$$(\bar{L}_l^*) \qquad \sum p_{lk}^* (\dot{\bar{u}}_k - \dot{u}_k)$$

wie beim Beweise des Existenzsatzes durchzuführen. Ist daher $\sigma < \varepsilon$ eine obere Schranke für die obigen Linearformen $(\bar{L}_j^*)$ längs einer Schrägreihe L', und waren auf den vorhergehenden Schrägreihen die Linearkombinationen ebenfalls absolut kleiner als σ, so folgt für die folgende Schrägreihe:

$$\left|\bar{L}_l^*\right| \leq \sigma + h\varepsilon S + h\sigma K < h(S+K)\,\varepsilon + \sigma$$

Hierbei sind die S, K von h unabhängige für ganz $\mathfrak{D}$ gültige Konstanten, die von den Schranken für die Lösungen und deren Differenzenquotienten abhängen. Die $\bar{L}_j^*$ sind auf der Anfangsgeraden identisch Null. Folglich bleiben sie sicher innerhalb des Bereiches:

$$(2) \qquad 0 \leq x + y \leq \mathfrak{I}$$

unter ε mit:

$$\mathfrak{I} < \text{Min}\left(\frac{1}{R}, \frac{1}{S+k}\right)$$

Da ε beliebig gewählt werden kann, so folgt die Identität der Lösungen u_i bzw. $\bar{u}_i$ unter Berücksichtigung der Stetigkeit im Bereiche (2) von $\mathfrak{D}$. Durch evtl. mehrfaches Anwenden der gleichen Schlußweise folgt dasselbe schließlich in $\mathfrak{D}$. Damit ist die Eindeutigkeit der Lösungen unter den formulierten Voraussetzungen sichergestellt.

Teil II

Die gemischte Anfangs-Randwertaufgabe

Vom Ursprung eines rechtwinkligen Koordinatensystems 0 (letzteres können wir ohne Beschränkung der Allgemeinheit annehmen) mögen zwei Kurven $C_1: y = \varphi(x)$ und $R: y = f(x)$[1]) ausgehen. Hierbei soll die Funktion: $f(x)$ innerhalb einer Umgebung U von 0 vom Typus D_3 sein. Längs C_1 seien Anfangswerte des Typus D_4 vorgegeben, und zwar derart, daß C_1 innerhalb der Umgebung U eine charakteristische Kurve des Systems I der quasilinearen partiellen Differentialgleichungen vom hyperbolischen Typus sein soll. (Die Koeffizienten seien vom Typus D_5 innerhalb eines die Anfangswerte ganz enthaltenden Bereiches $\overline{\mathfrak{B}}$.) Längs R werde die folgende quasilineare Differentialrelation:

$$m_1 \frac{d u_1}{d s} + m_2 \frac{d u_2}{d s} + \cdots + m_n \frac{d u_n}{d s} = m_{n+1} \tag{1}$$

vorgeschrieben. Hierbei seien die $m_i(x, y, u_i)$ in $\overline{\mathfrak{B}}$ vom Typus D_3). Es werde im folgenden die Voraussetzung gemacht, C_1 korrespondiere zu einer einfachen Wurzel der charakteristischen Gleichung des Systems. Im Falle, C_1 korrespondiere zu einer r-fachen Wurzel, zu der einfache Elementarteiler gehören, haben wir, wie sich zeigen wird, r linear unabhängige Bedingungen der Form (1) längs R zu stellen. Die Behandlung dieses Falles ist aus unserer Methode klar ersichtlich. Weiterhin setzen wir noch voraus, daß die vom Ursprung ausgehenden $(n-1)$ übrigen Charakteristikentangenten außerhalb des von den Tangenten an C_1 und R in 0 gebildeten Winkelbereiches verlaufen sollen. Unter Vorbehalt einer noch zu formulierenden Determinantenbedingung stellen wir die Aufgabe, ein Lösungssystem zu I mit stetigen partiellen

---

[1]) Das scheinbar schwierigere Problem, bei dem die Randkurve nicht explizit, sondern durch die Differentialrelation: $\lambda(x, y, u_k)\, dx = dy$ gegeben wird, also der Definitionsbereich sich erst aus dem System errechnet, ordnet sich in gleicher Weise den folgenden Betrachtungen unter.

Ableitungen erster Ordnung zu finden, das im Winkelbereich (C_1, R) definiert ist und den vorgeschriebenen Anfangs- und Randbedingungen genügt.

Wir können offenbar durch eine geeignete Drehung des Koordinatensystems es stets erreichen, daß die $(n-1)$ Tangenten in $\mathbf{0}$ an die charakteristischen Kurven $C_2, C_3 \cdots C_n$ sämtlich im Winkelbereich zwischen Tangente an R in $\mathbf{0}$ und positiver x-Achse verlaufen. Ferner können wir annehmen, daß die Kurvenstücke R und C_1 im positiven Drehsinn aufeinander folgen, was wir notfalls durch eine Spiegelung erreichen können. Wir bedienen uns alsdann einer Transformation der Form: $\bar{y} = y$; $\bar{x} = x + ay$ und verfügen dabei über die Konstante a in der Weise, daß im neuen $\bar{x}, \bar{y}$-System der in Fig. 5 dargestellte Verlauf der Kurven vorliegt: Sind, wenn wir die Striche wieder weglassen, $\lambda_{2_0}, \lambda_{3_0} \quad \lambda_{n_0}$ die reziproken Werte der Steigungen der Tangenten an $C_2, C_3 \cdots C_n$ in $\mathbf{0}$, und haben C_1 bzw. R im neuen System die Darstellungen $y = \varphi_1(x)$ bzw. $y = f(x)$, so gilt in $\mathbf{0}$:

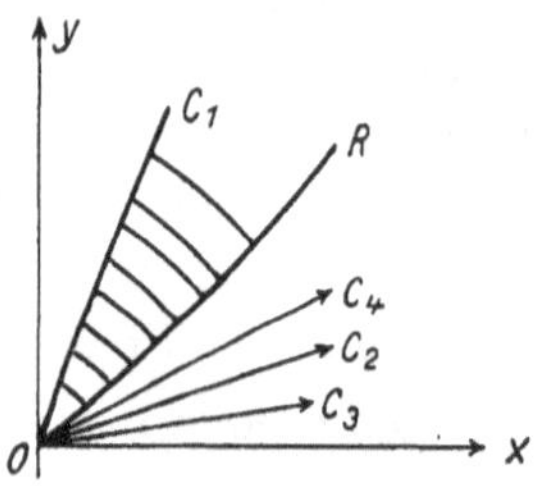

Fig. 5

$$(2) \qquad \lambda_{n_0} > \lambda_{n-1_0} > \cdots \lambda_{2_0} > \frac{1}{f'(0)} > \frac{1}{\varphi_1'(0)} > 0; \; \frac{1}{\varphi_1'(0)} = \lambda_{1_0}$$

Wir können von vornherein den Richtungsverlauf (2) annehmen. Sei jetzt $u_i(x, y)$ ein System von Lösungen unseres Problems. Wir führen diejenigen Charakteristikenscharen, zu denen C_1 bzw. C_n gehören als neue Koordinatenlinien ein. Seien:

$\alpha = \varphi(x, y)$; $\beta = \psi(x, y)$ die Scharen der Charakteristiken C_1 bzw. C_n. Dann gilt in U:

$$\begin{aligned} \alpha &= \text{const}: \; dx = \lambda_1 dy \\ \beta &= \text{const}: \; dx = \lambda_n dy \end{aligned} \qquad -\frac{\varphi_x}{\varphi_y} = \frac{1}{\lambda_1}; \quad -\frac{\psi_x}{\psi_y} = \frac{1}{\lambda_n}$$

Wir setzen:

$$(3) \qquad \begin{aligned} -\alpha_x &= -\varphi_x = \sigma; & -\beta_x &= -\psi_x = \tau \\ \alpha_y &= \varphi_y = \sigma\lambda_1; & \beta_y &= \psi_y = \tau\lambda_n \end{aligned} \qquad \sigma, \tau \neq 0$$

Sind φ_{xy}, ψ_{xy} stetig, so haben wir:

(4) $$-\frac{\partial\sigma}{\partial y}=\frac{\partial(\sigma\lambda_1)}{\partial x};\quad -\frac{\partial\tau}{\partial y}=\frac{\partial(\tau\lambda_n)}{\partial x}$$

Nach Einführung der Parameter: α, β erhalten wir für die Ableitungen der Funktionen $u_k(x, y) = \bar{u}_k(\alpha, \beta)$:

(5) $$\begin{cases}\dfrac{\partial u}{\partial x}=\dfrac{\partial\bar{u}}{\partial\alpha}\alpha_x+\dfrac{\partial\bar{u}}{\partial\beta}\beta_x=\dfrac{\partial\bar{u}}{\partial\alpha}(-\sigma)+\dfrac{\partial\bar{u}}{\partial\beta}(-\tau)\\ \dfrac{\partial u}{\partial y}=\dfrac{\partial\bar{u}}{\partial\alpha}\alpha_y+\dfrac{\partial\bar{u}}{\partial\beta}\beta_y=\dfrac{\partial\bar{u}}{\partial\alpha}(\sigma\lambda_1)+\dfrac{\partial\bar{u}}{\partial\beta}(\tau\lambda_n)\end{cases}$$

Längs der Kurven α; β = const gelten für $\bar{x}(\alpha, \beta)$, $\bar{y}(\alpha, \beta)$ die Differentialgleichungen:

(6) $$\begin{cases}\dfrac{\partial\bar{x}}{\partial\beta}-\bar{\lambda}_1\dfrac{\partial\bar{y}}{\partial\beta}=0;\quad \text{für } \alpha=\text{const}\rightarrow d\bar{x}=\bar{\lambda}_1 d\bar{y}\\ \qquad(\bar{x}_\alpha-\bar{\lambda}_1\bar{y}_\alpha)\,d\alpha+(\bar{x}_\beta-\bar{\lambda}y_\beta)\,d\beta=0\\ \qquad\qquad\rightarrow\quad \bar{x}_\beta-\bar{\lambda}_1\bar{y}_\beta=0\\ \dfrac{\partial\bar{x}}{\partial\alpha}-\bar{\lambda}_n\dfrac{\partial\bar{y}}{\partial\alpha}=0\quad \text{für } \beta=\text{const}\end{cases}$$

$\bar{x}(\alpha, \beta)$, $\bar{y}(\alpha, \beta)$ sind die inversen Funktionen zu: $\alpha = \varphi$; $\beta = \psi$. Daraus folgt

$$\begin{aligned}\bar{x}_\alpha&=\frac{1}{\Delta}\psi_y;\quad \bar{y}_\alpha=-\frac{1}{\Delta}\psi_x\\ \bar{x}_\beta&=-\frac{1}{\Delta}\varphi_y;\quad \bar{y}_\beta=\frac{1}{\Delta}\varphi_x\end{aligned}\qquad \Delta=(\varphi_x\psi_y-\psi_x\varphi_y)$$

Und wegen (3):

(7) $$\begin{cases}\bar{x}_\alpha=\dfrac{\bar{\lambda}_n}{\bar{\sigma}(\bar{\lambda}_1-\bar{\lambda}_n)};\quad \bar{x}_\beta=\dfrac{-\bar{\lambda}_1}{\bar{\tau}(\bar{\lambda}_1-\bar{\lambda}_n)}\\ \bar{y}_\alpha=\dfrac{1}{\bar{\sigma}(\bar{\lambda}_1-\bar{\lambda}_n)};\quad \bar{y}_\beta=\dfrac{-1}{\bar{\tau}(\bar{\lambda}_1-\bar{\lambda}_n)}\\ \qquad\Delta=\bar{\sigma}\bar{\tau}(\bar{\lambda}_1-\bar{\lambda}_n)\end{cases}$$

und umgekehrt folgen natürlich aus (7) die Relationen (3). Wir können offenbar die Scharen der Charakteristiken so numerieren, daß in der α, β-Ebene die Bilder von C_1 und R in U auf Abschnitte L_1 bzw. L_2 der Geraden $\alpha = 0$ bzw. $\alpha = \beta$, und 0 auf den Nullpunkt in der α, β-Ebene fallen. Im Hinblick auf unser Problem bedeutet diese Transformation, daß längs L_2 die Differentialrelationen:

$$(8) \qquad \bar{m}_1 \frac{d\bar{u}_1}{d\omega} + \bar{m}_1 \frac{d\bar{u}_2}{d\omega} + \cdots \bar{m}_n \frac{d\bar{u}_n}{d\omega} = \bar{m}_{n+1}$$

$$(9) \qquad f'(\bar{x}) \frac{d\bar{x}}{\partial\omega} - \frac{\partial\bar{y}}{\partial\omega} = 0$$

bestehen müssen. ($\bar{x}_\beta^2 + \bar{y}_\beta^2 \neq 0$.) Hierbei ist zu bemerken, daß die Koeffizienten von (8) jetzt auch $\bar{\sigma}$, $\bar{\tau}$ als Argumente enthalten, wie man aus:

$$ds^2 = (\bar{x}_\alpha\, d\alpha + \bar{x}_\beta\, d\beta)^2 + (\bar{y}_\alpha\, d\alpha + \bar{y}_\beta\, d\beta)^2 \to \frac{ds}{d\omega} = \varrho(\bar{x}, \bar{y}, \bar{u}_k, \bar{\sigma}, \bar{\tau})$$

sogleich erkennt.

Aus $\bar{x}_\beta$, $\bar{y}_\beta$ bestimmt sich dann vermöge (7) $\bar{\tau}(\beta)$ längs L_1. Des weiteren folgt aus (9) (ω = Zeichen für die Richtung $\alpha = \beta$):

$$(10) \quad \begin{cases} \dfrac{\partial\bar{y}}{\partial\omega} = f' \dfrac{\partial\bar{x}}{\partial\omega} \\ \dfrac{\partial\bar{y}}{\partial\omega} = (\bar{y}_\alpha + \bar{y}_\beta)\dfrac{1}{2}\sqrt{2}; \quad \dfrac{\partial\bar{x}}{\partial\omega} = (\bar{x}_\alpha + \bar{x}_\beta)\dfrac{1}{2}\sqrt{2} \\ (\bar{y}_\alpha + \bar{y}_\beta) = f'(\bar{x})(\bar{x}_\alpha + \bar{x}_\beta) \\ \left[\dfrac{1}{\bar{\sigma}(\bar{\lambda}_1 - \bar{\lambda}_n)} - \dfrac{1}{\bar{\tau}(\bar{\lambda}_1 - \bar{\lambda}_n)}\right] = f'(\bar{x})\left[\dfrac{\bar{\lambda}_n}{\bar{\sigma}(\bar{\lambda}_1 - \bar{\lambda}_n)} - \dfrac{\bar{\lambda}_1}{\bar{\tau}(\bar{\lambda}_1 - \bar{\lambda}_n)}\right] \\ [\bar{\tau} - \bar{\sigma}] = f'(\bar{x})\,[\bar{\tau}\,\bar{\lambda}_n - \sigma\,\bar{\lambda}_1] \end{cases}$$

$$(11) \qquad \bar{\sigma} = \bar{\tau}\,\frac{f'(\bar{x})\bar{\lambda}_n - 1}{f'(\bar{x})\bar{\lambda}_1 - 1}$$

Durch (11) wird in 0 der Wert $\bar{\sigma}(0, 0)$ bestimmt. Die Beziehung (11) liefert längs L_2 die folgende Differentialrelation (12):

$$(12) \qquad d\bar{\sigma} - d\bar{\tau}\left(\frac{f'(\bar{x})\bar{\lambda}_n - 1}{f'(\bar{x})\bar{\lambda}_1 - 1}\right) - \bar{\tau}\, d\left(\frac{f'(\bar{x})\bar{\lambda}_n - 1}{f'(\bar{x})\bar{\lambda}_1 - 1}\right) = 0$$

oder nach Einführung geeigneter Abkürzungen:

$$(13) \quad d\bar{\sigma} + A_1 d\bar{\tau} + A_2 d\bar{x} + A_3 d\bar{y} + A_4 d\bar{u}_1 + \cdots + A_{n+3} d\bar{u}_n = 0$$

Wir stellen nunmehr umgekehrt die Aufgabe, die Funktionen: $\bar{x}(\alpha, \beta)$, $\bar{y}(\alpha, \beta)$, $\bar{u}_k(\alpha, \beta)$, $\bar{\tau}(\alpha, \beta)$, $\bar{\sigma}(\alpha, \beta)$ als Lösungen eines Systems von $(n + 4)$ Gleichungen zu bestimmen, das sich zusammensetzt aus den n auf die Koordinaten α, β transformierten

Gleichungen I, den beiden Gleichungen (6) und den beiden aus den Integrabilitätsbedingungen (4) hervorgehenden Gleichungen

$$(14)\begin{cases} \dfrac{\partial \sigma}{\partial y} + \lambda_1 \dfrac{\partial \sigma}{d x} + (\sigma \lambda_{1u_1}) \dfrac{\partial u_1}{\partial x} + (\sigma \lambda_{1u_2}) \dfrac{\partial u_2}{\partial x} + \cdots + \sigma \lambda_{1x} = 0 \\ \dfrac{\partial \tau}{\partial y} + \lambda_n \dfrac{\partial \tau}{\partial x} + (\tau \lambda_{nu_1}) \dfrac{\partial u_1}{\partial x} + (\tau \lambda_{nu_2}) \dfrac{\partial u_2}{\partial x} + \cdots\cdot \tau \lambda_{nx} = 0 \end{cases}$$

nach der Transformation auf α, β.

Längs L_1 schreiben wir Anfangswerte $\bar{x}(\beta)$, $\bar{y}(\beta)$, $\bar{u}_k(\beta)$ des Typus D_4 vor. Aus (7) errechnen wir dann $\bar{\tau}(\beta)$ längs L_1, diese Funktion können wir, wie man sogleich erkennt, ebenfalls als zum Typus D_4 gehörig annehmen. Aus (11) folgt schließlich der Funktionswert: $\bar{\sigma}(0, 0)$

Längs L_2 seien die Differentialrelationen (8), (9), (12) zu befriedigen. Wir suchen Lösungen dieses Problems, die im Winkelbereich: $(L_1 L_2)$: $\alpha - \beta \leq 0$; $0 \leqq \alpha \leqq d$; $0 \leqq \beta \leqq d$ definiert sind und noch zu formulierende Differenzierbarkeitsbedingungen erfüllen.

Wir haben die folgenden $(n + 4)$ Gleichungen zu betrachten, wobei wir die zum System I gehörigen uns bereits nach den Ableitungen nach y aufgelöst denken, was auf Grund des Verlaufes der Charakteristiken in O in hinreichender Nachbarschaft von O stets möglich ist:

$$\text{I}\begin{cases} a_{11} \dfrac{\partial u_1}{\partial x} + a_{12} \dfrac{\partial u_2}{\partial x} + \cdots\cdot + a_{1n} \dfrac{\partial u_n}{\partial x} + \dfrac{\partial u_1}{\partial y} = f_1 \\ a_{21} \dfrac{\partial u_1}{\partial x} + a_{22} \dfrac{\partial u_2}{d x} + \cdots\cdot + a_{2n} \dfrac{\partial u_n}{\partial x} + \dfrac{\partial u_2}{\partial y} = f_2 \\ \\ a_{n1} \dfrac{\partial u_1}{\partial x} + a_{n2} \dfrac{\partial u_2}{\partial x} + \cdots\cdot + a_{nn} \dfrac{\partial u_n}{\partial x} + \dfrac{\partial u_n}{\partial y} = f_n \\ \lambda_n \dfrac{\partial \tau}{\partial x} + (\tau \lambda_{nu_1}) \dfrac{\partial u_1}{\partial x} + (\tau \lambda_{nu_2}) \dfrac{\partial u_2}{\partial x} + \cdots (\tau \lambda_{nu_n}) \dfrac{\partial u_n}{\partial x} + \dfrac{\partial \tau}{\partial y} = -\tau \lambda_{nx} \\ \lambda_1 \dfrac{\partial \sigma}{\partial x} + (\sigma \lambda_{1u_1}) \dfrac{\partial u_1}{\partial x} + (\sigma \lambda_{1u_2}) \dfrac{\partial u_2}{\partial x} + \cdots (\sigma \lambda_{1u_n}) \dfrac{\partial u_n}{\partial x} + \dfrac{\partial \sigma}{\partial y} = -\sigma \lambda_{1x} \end{cases}$$

$$(15)\qquad \begin{cases} \dfrac{\partial x}{\partial \beta} - \lambda_1 \dfrac{\partial y}{\partial \beta} = 0 \\ \dfrac{\partial x}{\partial a} - \lambda_n \dfrac{\partial y}{\partial a} = 0 \end{cases}$$

In dem System I kommen gerade soviel Ableitungen vor wie Gleichungen vorhanden sind. Die Matrix des Systems lautet:

$$\mathfrak{A}: \begin{pmatrix} \lambda_1, & 0, & \sigma\lambda_{1u_1}, & \sigma\lambda_{1u_2}, & & \sigma\lambda_{1u_n} \\ 0, & \lambda_n, & \tau\lambda_{n_{u_1}}, & \tau\lambda_{n_{u_2}}, & & \tau\lambda_{n_{u_n}} \\ 0, & 0, & a_{11}, & a_{12}, & & a_{1n} \\ 0, & 0, & a_{21}, & a_{22}, & & a_{2n} \\ \vdots & & & & & \\ 0, & 0, & a_{n1}, & a_{n2}, & & a_{nn} \end{pmatrix}$$

Bei Errechnung der charakteristischen Wurzeln gehen, wie man sogleich sieht, die Hilfsvariablen σ, τ gar nicht ein, man findet als charakteristische Wurzeln:

$$\lambda_1, \ \lambda_2, \qquad \lambda_n$$

Offenbar brauchen die auftretenden Doppelwurzeln nicht zu einfachen Elementarteilern zu korrespondieren. Vielmehr liegt dieser Tatbestand nur in speziellen Fällen vor, wofür sich leicht die notwendigen und hinreichenden Bedingungen angeben lassen.

Wir beschränken uns zunächst auf die $(n + 1)$ ersten Gleichungen des Systems I. Die zugehörige Koeffizientenmatrix ist der Minor von λ_1 in $\mathfrak{A}$. Wir nehmen an, daß die Elementarteiler dieser Matrix, welche sich auf dieDoppelwurzel λ_n beziehen, einfach sind. Durch einen einfachen Kunstgriff können wir nämlich, wie ich am Schluß zeigen werde, diesen Fall stets verwirklichen. Analog dem bei der Lösung des Anfangswertproblems eingeschlagenen Verfahren bringen wir die $(n + 1)$ ersten Gleichungen auf die kanonische Gestalt von Seite 10. Für das weitere werden wir unter der kanonischen Gestalt des Systems I stets diejenige der Gleichungen II Seite 10 verstehen. Zu diesen $(n+ 1)$ Gleichungen fügen wir die letzte des Systems I unverändert hinzu und erhalten damit ein System von $(n + 2)$ Gleichungen II', welches mit I vollständig äquivalent ist. Nach der Einführung der charakteristischen Parameter α, β in II' ergibt sich ein System II'' in α, β, in dem die $(n + 1)$ ersten Gleichungen ebenfalls noch die kanonische Form haben.

Wir führen schließlich noch ein neues rechtwinkliges $\bar{\alpha}, \bar{\beta}$-System ein, welches gegenüber dem vorigen im 45° [2]) um den Nullpunkt gedreht ist, so daß die Achse $\alpha = 0$ auf $\bar{\alpha} + \bar{\beta} = 0$ und R auf $\bar{\alpha} = 0$ fallen. Wir haben

$$(16) \qquad \begin{cases} \bar{\alpha} = \dfrac{1}{\sqrt{2}}(\alpha - \beta) \\ \bar{\beta} = \dfrac{1}{\sqrt{2}}(\alpha + \beta) \end{cases}$$

Nach dieser Transformation geht unsere Aufgabe im $\bar{\alpha}, \bar{\beta}$-System in die folgende über (vgl. Fig. 6):

Vorgegeben sind längs L_1 auf $\bar{\alpha} + \bar{\beta} = 0$ Anfangswerte $\bar{x}$, $\bar{y}$, $\bar{u}_k$, $\bar{\tau}$ vom Typus D_4 als Funktionen der Bogenlänge. Im Nullpunkt ist ferner noch der Wert von $\bar{\sigma}$ bekannt. Längs L_2 auf $\bar{\alpha} = 0$ sind drei Differentialrelationen (8), (9), (12) zu befriedigen. Es werden Lösungen mit noch zu formulierenden Differenzierbarkeitsbedingungen des auf die neuen Koordinaten $\bar{\alpha}$, $\bar{\beta}$ transformierten Systems II'' gesucht, die obige Bedingungen erfüllen und im Winkelbereich

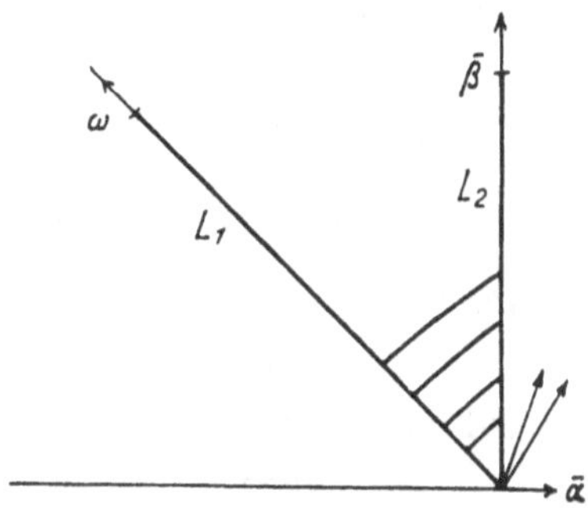

Fig. 6

(L_1, L_2): $\qquad \bar{\alpha} + \bar{\beta} \geq 0; \quad -d \leq \bar{\alpha} \leq 0; \quad 0 \leq \bar{\beta} \leq d$

erklärt sind. Daß diese Lösungen zu einem Lösungssystem des ursprünglich formulierten Anfangs-Randwertproblems korrespondieren, werden wir später noch zu zeigen haben. Wir untersuchen als nächstes den Verlauf der Charakteristiken im Nullpunkt des α, β-Systems, woraus sich aus Gründen der Invarianz sogleich derjenige im Nullpunkt des $\bar{\alpha}, \bar{\beta}$-Systems ergibt. In der x, y-Ebene gilt im Ursprung:

$$\lambda_n > \lambda_{n-1} > \quad \lambda_2 > \frac{1}{f'} > \lambda_1 > 0.$$

[2]) Daß die Rechnungen im gedrehten $\bar{a}, \bar{\beta}$-System durchgeführt werden, ist im folgenden nicht unbedingt erforderlich.

Bezeichnen wir den Cotangens der charakteristischen Richtungen C_i im Nullpunkt des α, β-Systems mit $\bar{\lambda}_i$, so gilt:

$$\frac{d\alpha}{d\beta} = \frac{\alpha_x \frac{dx}{dy} + \alpha_y}{\beta_x \frac{dx}{dy} + \beta_y},$$

und hieraus folgt die Transformation:

$$\bar{\lambda}_i = \frac{\sigma}{\tau} \frac{\lambda_1 - \lambda_i}{\lambda_n - \lambda_i} \tag{17}$$

Berücksichtigen wir in 0 noch die Relation (11); dies liefert in (17) eingesetzt:

$$\bar{\lambda}_{i0} = \left(\frac{f' \lambda_n - 1}{f' \lambda_1 - 1} \cdot \frac{\lambda_1 - \lambda_i}{\lambda_n - \lambda_i}\right)_0$$

Es ist:

$$f' \lambda_n - 1 > 0, \quad f' \lambda_1 - 1 < 0; \quad \lambda_1 - \lambda_i < 0, \quad \lambda_n - \lambda_i > 0 \qquad i \neq 1, n$$

Daraus folgt:

$$\bar{\lambda}_{i0} > 0, \quad \bar{\lambda}_{10} = 0$$

Die Differenzen für $i \neq 1$:

$$\begin{aligned}\bar{\lambda}_i - 1 &= \frac{(f' \lambda_n - 1)(\lambda_1 - \lambda_i)}{(f' \lambda_1 - 1)(\lambda_n - \lambda_i)} - 1 = \frac{(f' \lambda_n - 1)(\lambda_1 - \lambda_i) - (f' \lambda_1 - 1)(\lambda_n - \lambda_i)}{(f' \lambda_1 - 1)(\lambda_n - \lambda_i)} \\ &= \frac{f' \lambda_n \lambda_1 - \lambda_1 - f' \lambda_n \lambda_i + \lambda_i - f' \lambda_1 \lambda_n + \lambda_n + f' \lambda_1 \lambda_i - \lambda_i}{(f' \lambda_1 - 1)(\lambda_n - \lambda_i)} \\ &= - \frac{(\lambda_n - \lambda_1)(f' \lambda_i - 1)}{(\lambda_n - \lambda_i)(f' \lambda_1 - 1)} > 0\end{aligned}$$

sind in 0 sicher größer als 0. Wir ersehen daraus, wie vorauszusehen, daß in der α, β-Ebene im Nullpunkt die zu λ_1 gehörige charakteristische Richtung auf $\alpha = 0$, die zu λ_n gehörige auf $\beta = 0$, die zu $\lambda_2, \lambda_3, \quad \lambda_{n-1}$ gehörigen zwischen die Geradenrichtungen $\beta = 0$, $\alpha = \beta$ fallen. Im $\bar{\alpha}$, $\bar{\beta}$-System haben wir demzufolge den in Fig. 6 dargestellten Richtungsverlauf.

Nach diesen Vorbemerkungen wenden wir uns jetzt der Lösung der auf Seite 31 formulierten Anfangs-Randwertaufgabe zu. Wir vereinbaren noch, statt $\bar{\alpha}$, $\bar{\beta}$ wieder α, β und statt $\tau = u_{n+1}$ zu schreiben. Wir erhalten für II'' ein System der folgenden Gestalt, wobei wir die transformierten Gleichungen (6) hinzufügen:

$$\text{III}\begin{cases} p_{11}\dfrac{\partial u_1}{\partial\omega}+p_{12}\dfrac{\partial u_2}{\partial\omega}+p_{13}\dfrac{\partial u_3}{\partial\omega}+\cdots+p_{1,n+1}\dfrac{\partial u_{n+1}}{\partial\omega}=T_1^* \\ \gamma_2\left(p_{21}\dfrac{\partial u_1}{\partial\alpha}+\cdots+p_{2,n+1}\dfrac{\partial u_{n+1}}{\partial\alpha}\right)+\left(p_{21}\dfrac{\partial u_1}{\partial\beta}+\cdots+p_{2,n+1}\dfrac{\partial u_{n+1}}{\partial\beta}\right)=T_2 \\ \gamma_3\left(p_{31}\dfrac{\partial u_1}{\partial\alpha}+\cdots+p_{3,n+1}\dfrac{\partial u_{n+1}}{\partial\alpha}\right)+\left(p_{31}\dfrac{\partial u_1}{\partial\beta}+\cdots+p_{3,n+1}\dfrac{\partial u_{n+1}}{\partial\beta}\right)=T_3 \\ \\ \gamma_n\left(p_{n1}\dfrac{\partial u_1}{\partial\alpha}+\cdots+p_{n,n+1}\dfrac{\partial u_{n+1}}{\partial\alpha}\right)+\left(p_{n1}\dfrac{\partial u_1}{\partial\beta}+\cdots+p_{n,n+1}\dfrac{\partial u_{n+1}}{\partial\beta}\right)=T_n \\ \gamma_n\left(p_{n+1,1}\dfrac{\partial u_1}{\partial\alpha}+\cdots+p_{n+1,n+1}\dfrac{\partial u_{n+1}}{\partial\alpha}\right) \\ \qquad+\left(p_{n+1,1}\dfrac{\partial u_1}{\partial\beta}+\cdots+p_{n+1,n+1}\dfrac{\partial u_{n+1}}{\partial\beta}\right)=T_{n+1} \end{cases}$$

$$\text{III}^*\qquad\begin{cases} \left(a_{11}\dfrac{\partial x}{\partial\alpha}+a_{12}\dfrac{\partial y}{\partial\alpha}\right)+\left(a_{11}\dfrac{\partial x}{\partial\beta}+a_{12}\dfrac{\partial y}{\partial\beta}\right)=0 \\ a_{21}\dfrac{\partial x}{\partial\omega}+a_{22}\dfrac{\partial y}{\partial\omega}=0 \end{cases}$$

und schließlich noch die Gleichung:

$$\frac{\partial\sigma}{\partial\omega}=q_1'\frac{\partial u_1}{\partial\alpha}+\cdots+q_{n+1}'\frac{\partial u_{n+1}}{\partial\alpha}+r_1'\frac{\partial u_1}{\partial\beta}+\cdots+r_{n+1}'\frac{\partial u_{n+1}}{\partial\beta}+T_{n+2}^* \tag{18}$$

Hierbei sind die Koeffizienten:

$$a_{ik}(x\,y\,u_k),\quad p_{ik}(x,y,u_k),\quad \gamma_i(x,y,u_k,\sigma),\quad T_i(x,y,u_k,\sigma),$$
$$q_i'(x,y,u_k,\sigma);\quad r_i'(x,y,u_k,\sigma)$$

vom Typus D_4.

$\frac{\partial}{\partial\omega}$ bedeutet das Zeichen für die Differentiation in Richtung der Geraden $\alpha+\beta=0$.

Die Determinanten:

$$\Delta=|p_{ik}|;\quad \bar{\Delta}=|a_{ik}|$$

sind, wie wir ohne Beschränkung der Allgemeinheit annehmen, im Nullpunkt: $>\delta>0$ bzw. $>\bar{\delta}>0$.

Zu III treten noch längs L_2 zu befriedigende Differentialrelationen

$$\text{III}\quad\begin{cases} \text{a)}\ m_1 \dfrac{\partial u_1}{\partial \beta} + m_2 \dfrac{d u_2}{d \beta} + \cdots + m_n \dfrac{d u_n}{d \beta} = m_{n+1} \\ \text{b)}\ \dfrac{d \sigma}{d \beta} - \left(\dfrac{f'\lambda_n - 1}{f'\lambda_1 - 1}\right) \dfrac{d \tau}{d \beta} - \tau \dfrac{d}{d \beta}\left(\dfrac{f'\lambda_n - 1}{f'\lambda_1 - 1}\right) = 0 \\ \text{c)}\ \qquad f'(x) \dfrac{d x}{\partial \beta} - \dfrac{\partial y}{\partial \beta} = 0 \end{cases}$$

Wir setzen weiterhin noch voraus, daß die folgende Determinante im Nullpunkt von Null verschieden und, wie wir ohne Beschränkung der Allgemeinheit annehmen können, größer als Null ausfällt:

Es bezeichne $\Delta'(m, p)$ diejenige Determinante, die entsteht, wenn wir die erste Zeile $(p_{11}, p_{12}, \quad p_{1\,n+1})$ von $\Delta = |p_{ik}|$ durch $(m_1, m_2, \ldots, m_n 0)$ ersetzen. Es sei in $\mathbf{O}$: $\Delta' > \delta' > 0$. Des weiteren bezeichnen wir mit $\bar{\Delta}'$ diejenige Determinante, die entsteht, wenn wir in $\bar{\Delta}$ die zweite Zeile durch die Koeffizienten von (c) ersetzen. Wie man sogleich nachrechnet, gilt in $\mathbf{O}$:

$$\bar{\Delta}' = f'\lambda_n - 1 > \bar{\delta}' > 0 .$$

Wir heben noch zwei für das weitere wesentliche Besonderheiten des Systems III ausdrücklich hervor:

Erstens: Die Koeffizienten p_{ik}, a_{ik} hängen nicht von der Hilfsfunktion σ ab. Man erkennt dies sofort, wenn man bedenkt, daß in den ersten $(n + 1)$ Gleichungen von II' σ überhaupt nicht vorkommt. Nach Einführung der charakteristischen Parameter vermöge (5) ergibt die Zusammenfassung, daß die Hilfsfunktion σ nur in:

$$\gamma_i,\ T^*_{n+2},\ q'_i,\ r'_i$$

als Argument vertreten sein kann.

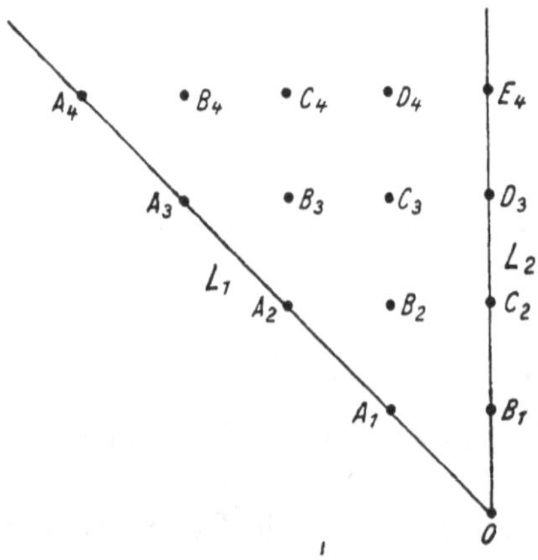

Fig. 7

Zweitens: In der ersten Gleichung des Systems III kommt σ überhaupt nicht vor. Denn vor der Transformation (16) verschwinden in der ersten Gleichung die Koeffizienten sämtlicher Ableitungen nach α, und in diesen kann σ nur als Argument enthalten sein.

Entsprechend dem Differenzenverfahren überdecken wir die α, β-Ebene mit einem quadratischen Gitter der Maschenweite h und ersetzen die Differentialquotienten in III, III a), b), c), III* durch die entsprechenden Differenzenquotienten.

Wir bilden zunächst in **0** das folgende System III_0' (vgl. Fig. 7), aus dem, da σ x, y, u_k in **0** bekannt sind, wir σ_{B_1} x_{B_1}, y_{B_1}, u_{kB_1} eindeutig auf Grund der Voraussetzungen errechnen können.

$$\mathrm{III}_0'\left\{\begin{aligned}
&\left(a_{11\,0}\frac{x_{B_1}-y_{A_1}}{h}+a_{12\,0}\frac{y_{B_1}-y_{A_1}}{h}\right)+\left(a_{11\,0}\frac{x_{B_1}-x_0}{h}+a_{12\,0}\frac{y_{B_1}-y_0}{h}\right)=0\\
&f_0'\frac{x_{B_1}-x_0}{h}-\frac{y_{B_1}-y_0}{h}=0\\
&m_{1\,0}\frac{u_{1B_1}-u_{1\,0}}{h}+m_{2\,0}\frac{u_{2B_1}-u_{2\,0}}{h}+\cdots+m_{n\,0}\frac{u_{nB_1}-u_{n\,0}}{h}=0\\
&\gamma_{2\,0}\left(p_{21\,0}\frac{u_{1B_1}-u_{1A_1}}{h}+\cdots+p_{2,\,n+1\,0}\frac{u_{n+1\,B_1}-u_{n+1\,A_1}}{h}\right)\\
&\qquad+\left(p_{21\,0}\frac{u_{1B_1}-u_{1\,0}}{h}+\cdots\right)=T_{2\,0}\\
&\qquad\vdots\\
&\gamma_{n\,0}\left(p_{n1\,0}\frac{u_{1B_1}-u_{1A_1}}{h}+\cdots+p_{n,\,n+1\,0}\frac{u_{n+1\,B_1}-u_{n+1\,A_1}}{h}\right)\\
&\qquad+p_{n1\,0}\left(\frac{u_{1B_1}-u_{1\,0}}{h}+\cdots\right)=T_{n\,0}\\
&\gamma_{n\,0}\left(p_{n+1,\,1\,0}\frac{u_{1B_1}-u_{1A_1}}{h}+\cdots+p_{n+1,\,n+1\,0}\frac{u_{n+1\,B_1}-u_{n+1\,A_1}}{h}\right)\\
&\qquad+\left(p_{n+1,\,1\,0}\frac{n_{1B_1}-u_{1\,0}}{h}+\cdots\right)=T_{n+1\,0}\\
&\frac{\sigma_{B_1}-\sigma_0}{h}-\left(\frac{f'\lambda_n-1}{f'\lambda_1-1}\right)_0\frac{u_{n+1\,B_1}-u_{n+1\,0}}{h}+\cdots=0
\end{aligned}\right.$$

Nachdem wir für die $(n+4)$ Funktionswerte: σ, u_k, x, y eindeutig Werte in B_1 auf Grund der Kenntnis von σ, u_k, x, y in 0 nebst $u\ ,x, y$ in A_1 errechnet haben, bestimmen wir den fehlenden Wert σ_{A_1} vermöge der übrigbleibenden Gleichung:

$$\mathrm{IV}'_0 \qquad \frac{\sigma_{A_1}-\sigma_0}{h} = q_{1_0}\frac{u_{1B_1}-u_{1A_1}}{h} + \cdots + r_{1_0}\frac{u_{1B_1}-u_{1_0}}{h} \cdots + T_{n+2_0}$$

Wir setzten:

$$q_i = \sqrt{2}\, q'_i; \quad r_i = \sqrt{2}\, r'_i; \quad T_i = T^*_i\sqrt{2}$$

Alsdann errechnen wir aus einem System V'_{A_1}, unter der Voraussetzung, die zugehörige Koeffizientendeterminante bleibe von Null verschieden, Werte für $u_{kB_2}, x_{B_2}, y_{B_2}$:

$$\mathrm{V}'_{A_1}\left\{\begin{array}{l}
\left(a_{11A_1}\frac{x_{B_2}-x_{A_2}}{h} + a_{12A_1}\frac{y_{B_2}-y_{A_2}}{h}\right) \\
\qquad + \left(a_{11A_1}\frac{x_{B_2}-x_{A_1}}{h} + a_{12A_1}\frac{y_{B_2}-y_{A_1}}{h}\right) = 0 \\
a_{21B_1}\frac{x_{B_2}-x_{B_1}}{h} + a_{22B_1}\frac{y_{B_2}-y_{B_1}}{h} = 0 \\
p_{11B_1}\frac{u_{1B_2}-u_{1B_1}}{h} + p_{12B_1}\frac{u_{2B_2}-u_{2B_1}}{h} + \cdots \\
\qquad + p_{1,n+1B_1}\frac{u_{n+1B_2}-u_{n+1B_1}}{h} = T_{1B_1} \\
\gamma_{2A_1}\left(p_{21A_1}\frac{u_{1B_2}-u_{1A_2}}{h} + \cdots\right) + \left(p_{21A_1}\frac{u_{1B_2}-u_{1A_1}}{h} + \cdots\right) = T_{2A_1} \\
\\
\gamma_{nA_1}\left(p_{n1A_1}\frac{u_{1B_2}-u_{1A_2}}{h} + \cdots\right) + \left(p_{n1A_1}\frac{u_{1B_2}-u_{1A_1}}{h} + \cdots\right) = T_{nA_1} \\
\gamma_{nA_1}\left(p_{n+1,1A_1}\frac{u_{1B_2}-u_{1A_2}}{h} + \cdots\right) \\
\qquad + \left(p_{n+1,1A_1}\frac{u_{1B_2}-u_{1A_1}}{h} + \cdots\right) = T_{n+1A_1}
\end{array}\right.$$

Die Gleichung IV'_{A_1} ermöglicht jetzt wie vorhin die Errechnung von σ_{A_2}. Da wir beim vorletzten Schritt die Kenntnis von σ_{B_1} nicht benötigten, um $u_{kB_2}, x_{B_2}, y_{B_2}$ errechnen zu können, ist es möglich, das soeben skizzierte Berechnungsverfahren so lange in der ω-Richtung längs L_1 fortzusetzen, wie die Voraussetzungen über die Determinanten in Kraft bleiben. Wir gehen danach zur zweiten Schrägreihe der Gitterpunkte über. Man sieht, daß unter Vorbehalt des Erfülltseins der Determinantenbedingungen wir eindeutig in der dargestellten Weise Funktionswerte in den Gitterpunkten der Schrägreihe C_i errechnen können. Denn es liegt jetzt längs B_i der gleiche Sachverhalt vor wie vorher längs A_i: In B_1 sind alle $(n + 4)$ Funktionswerte bekannt, ferner kennen wir noch u_k, x, y längs der B_i usw.

Wir haben als nächstes zu zeigen, daß wir im Winkelbereich: $(L_1 L_2)$ einen Bereich $\mathfrak{D}_2$: $\alpha + \beta \geq 0$; $-d_2 \leq \alpha \leq 0$; $0 \leq \beta \leq d_2$ angeben können, in dem die nach dem obigen Verfahren errechneten Werte u_k, x, y, σ nebst ihren ersten Differenzenquotienten gleichmäßig bei variabler Maschenweite h beschränkt bleiben.

Wir geben uns einen, die Anfangsdaten im Innern enthaltenden abgeschlossenen konvexen Bereich der Funktionswerte: $\mathfrak{B} c \overline{\mathfrak{B}}$: x, y, u_k, σ vor, der so beschaffen sein soll, daß die Determinanten: Δ; $\bar{\Delta}$; $\bar{\Delta}'$; Δ' in $\mathfrak{B}$ bleiben:

$$\Delta > \delta > 0; \quad \bar{\Delta} > \bar{\delta} > 0; \quad \Delta' > \delta' > 0; \quad \bar{\Delta}' > \bar{\delta}' > 0$$

Ferner sei dort:

$$\gamma_i > 0 \qquad i = 2, 3, \ldots, n$$

Letztere Bedingungen mögen auf einem von $\mathbf{0}$ ausgehenden Unterabschnitt L_1' von L_1 erfüllt sein.

Zunächst erkennen wir auf Grund der gemachten Stetigkeitsvoraussetzungen, daß die ersten Differenzenquotienten: u_k', x', y' und $u_k^{\backprime}$, $x^{\backprime}$, $y^{\backprime}$ in $\mathbf{0}$ für $h \to 0$ gegen Grenzwerte $< G_0$ konvergieren. Aus IV_0' folgt dann in Verbindung mit III_0' das gleiche für die Differenzenquotienten: $\sigma^{\backprime}(0, 0)$; $\sigma'(0, 0)$; $\dot{\sigma}(0, 0)$.

Wir zeigen jetzt die gleichmäßige Beschränktheit aller ersten Differenzenquotienten u_k', x', y'; $u_k^{\backprime}$, $x^{\backprime}$, $y^{\backprime}$ längs eines Unterabschnittes L_1'' von L_1'. Wir subtrahieren, um einen bestimmten Gitterpunkt ins Auge zu fassen, die Gleichungen des Systems

V'_0 von den entsprechenden des Systems V'_{A_1} (bis auf die zweite und dritte Gleichung), nachdem wir zuvor die Differenzenquotienten:

$$\frac{1}{h}(u_{iB_2}-u_{iA_1})\cdots \quad \text{durch} \quad \frac{1}{h}(u_{iB_2}-u_{iA_2})+\frac{1}{h}(u_{iA_2}-u_{iA_1})\cdots$$

ausgedrückt haben. Wir dividieren durch h und formen die Gleichungen in der üblichen Weise so um, daß wir ein System VI'_{A_1} von $(n+1)$ Gleichungen für die zweiten Differenzenquotienten $\dot{u}'_k$, $\dot{x}'$, $\dot{y}'$ erhalten, die sich in linear unabhängiger Weise durch die zweiten Differenzenquotienten $\ddot{u}_k$, $\ddot{x}$, $\ddot{y}$ längs L'_1 sowie $\dot{\sigma}$, $\dot{u}_k$, $\dot{x}$, $\dot{y}$; $u'_k\ldots$ ausdrücken. Zu VI'_{A_1} treten noch zwei aus der folgenden Umformung zu gewinnende Gleichungen $VI'(0)$:

$$VI'_{B_1}(0): \left\{\begin{aligned} &\left[p_{11B_1}\frac{u_{1B_2}-u_{1B_1}}{h}+\cdots\right]-\left[p_{11A_1}\frac{u_{1A_2}-u_{1A_1}}{h}+\cdots\right] \\ &\qquad = T_{1B_1}-T_{1A_1}+hV_{A_1} \\ &p_{11B_1}\frac{1}{h}\left[\frac{u_{1B_2}-u_{1A_2}}{h}-\frac{u_{1B_1}-u_{1A_1}}{h}\right]+\cdots=\frac{T_{1B_1}-T_{1A_1}}{h} \\ &\qquad -\left(\frac{u_{1A_2}-u_{1A_1}}{h}\right)\left(\frac{p_{11B_1}-p_{11A_1}}{h}\right)-\cdots+V_{A_1} \end{aligned}\right.$$

Dabei sind die V_{A_i} auf L'_1 gleichmäßig beschränkt, wie man aus:

$$(u_{iA_2}-u_{iA_1})=\left(\frac{du_i}{ds}\right)_{A_1}h+\frac{1}{2}h^2\left(\frac{d^2u_i}{ds^2}\right)_{\text{zw.}}$$

sofort erkennt. Die zweite Gleichung $VI'_{B_1}(0)$ ergibt sich durch die analoge Umformung der zweiten Gleichungen V'_{A_1}, V'_{B_1}. Ein analoges System VII′ hätte sich auch für die gemischten Differenzenquotienten: $\dot{u}^{\backprime}_k$, $\dot{x}^{\backprime}$, $\dot{y}^{\backprime}$ ergeben. Wir denken uns diese Gleichungen VI′ bzw. VII′ auch noch in den übrigen Gitterpunkten A_i gebildet und berücksichtigen die Stetigkeitsvoraussetzungen der Ableitungen der Anfangswerte längs L'_1.

Aus den Gleichungen des Typus IV′ ersieht man zunächst, daß unter der Voraussetzung, wir befinden uns in $\mathfrak{B}$ und die ersten Differenzenquotienten: $|u'_k|$, $|x'|$, $|y'|$; $|u^{\backprime}_k|$, $|x^{\backprime}|$, $|y^{\backprime}|$ liegen unterhalb $G > G_0$, für die ersten Differenzenquotienten $\dot{\sigma}$ gilt: $|\dot{\sigma}| < F$, mit von h unabhängigem F

Wir wählen die Größe $c' > 0$ so, daß mit $\sigma(0, 0)$ auch $\sigma(0, 0) + lF$ für $0 \leq l \leq c'$ zu $\mathfrak{B}$ gehört und beschränken unsere Betrachtungen nur noch auf einen von 0 ausgehenden Unterabschnitt L_1'' von L_1' der Länge $\leq c'$ Offenbar können wir $h \leq h_0$ so klein wählen, daß, solange wir uns in $\mathfrak{B}$ befinden und die $|u_k'|$ unter G liegen, die Koeffizientendeterminanten der Systeme VI′, VII′ $> \delta\bar{\delta} > 0$ bleiben.

Nach Anwendung des Mittelwertsatzes unter Berücksichtigung der soeben aufgestellten Schranken folgen jetzt die Abschätzungen:

$$(19): \qquad \{|\dot{u}_k'|,\ |\dot{x}'|,\ |\dot{y}'|;\ \ |\dot{u}_k^{\backprime}|,\ |\dot{x}^{\backprime}|,\ |\dot{y}^{\backprime}|\} < M$$

mit von h unabhängigem M.

Bleibt jetzt für $c \leq c'$; $G_0 + cM < G$, so bleiben für alle Maschenweiten $h < h_0$ auf L_1''':

$$-\frac{1}{2}\sqrt{2}\,c \leq \alpha \leq 0; \quad 0 \leq \beta \leq \frac{1}{2}\sqrt{2}\,c$$

die ersten Differenzenquotienten: u_k', x', y'; $u_k^{\backprime}$, $x^{\backprime}$, $y^{\backprime}$ absolut unter der Schranke G. Des weiteren bleiben auf L_1''' die $|\dot{\sigma}| < F$, und die Werte von σ, u_k, x, y liegen in $\mathfrak{B}$.

Für die gemischten Differenzenquotienten: $\dot{u}_k'$, $\dot{x}'$, $\dot{y}'$, gilt (19). Ziehen wir daraufhin die Gleichungen des Typus IV′ in Betracht, so folgt, wenn wir die Differenzen: $\mathrm{IV}'_{Ai+1} - \mathrm{IV}'_{Ai}$ bilden, durch h dividieren, und die übliche Umformung durchführen, daß längs L_1''' auch noch $|\ddot{\sigma}|$ gleichmäßig beschränkt bleibt. Man sieht ein, daß unsere Voraussetzungen über die Anfangsdaten es gestatten, das soeben durchgeführte Schlußverfahren noch zweimal anzuwenden. Man erhält schließlich das Resultat:

Es existiert stets eine Zahl $s \leq c$ und dazu ein Abschnitt L_1 auf $\alpha + \beta = 0$, so daß längs L_1:

$$-\frac{1}{2}\sqrt{2}\,s \leq \alpha \leq 0; \quad 0 \leq \beta \leq \frac{1}{2}\sqrt{2}\,s$$

für alle Maschenweiten $h < h_0$ die Werte der folgenden Differenzenquotienten gleichmäßig beschränkt bleiben:

$$\sigma,\ \ddot{\sigma},\ \dddot{\sigma},\ \sigma_i^{IV} \quad u'_k,\ \dot{u}'_k,\ \ddot{u}'_k,\ \dddot{u}'_k;\ \ u^{\backprime}_k,\ \dot{u}^{\backprime}_k,\ \ddot{u}^{\backprime}_k,\ \dddot{u}^{\backprime}_k;$$
$$x',\dot{x}',\ddot{x}',\dddot{x}' \quad y',\ \dot{y}',\ \ddot{y}',\ \dddot{y}';\ \ x^{\backprime},\ \dot{x}^{\backprime},\ \ddot{x}^{\backprime},\ \dddot{x}^{\backprime}$$
$$y^{\backprime},\ \dot{y}^{\backprime},\ \ddot{y}^{\backprime},\ \dddot{y}^{\backprime}$$

Wir werden die weiteren Betrachtungen nur noch auf einen Bereich:

$$\mathfrak{D}_1:\ \alpha+\beta\geq 0;\quad -\frac{1}{2}\sqrt{2}\,s\leq\alpha\leq 0;\quad 0\leq\beta\leq\frac{1}{2}\sqrt{2}\,s$$

beschränken.

Im folgenden zeigen wir, daß eine ganz in $\mathfrak{D}_1$ liegende Nachbarschaft von 0 existiert, in welcher die Variablen u_k, x, y, σ stets in $\mathfrak{B}$ bleiben und die ersten Differenzenquotienten: u'_k, x', y'; $u^{\backprime}_k$, $x^{\backprime}$, $y^{\backprime}$ gleichmäßig beschränkt sind. Dasselbe beweisen wir für $\dot{\sigma}$ und $\sigma^{\backprime}$ längs $\alpha = 0$.

Zu diesem Zweck fassen wir Linearkombinationen des folgenden Typus ins Auge:

$$(\bar{\mathfrak{L}})_A:\ \begin{cases} \bar{\mathfrak{L}}_{1A_2}=\left(a_{11A_2}\dfrac{x_{B_3}-x_{B_2}}{h}+a_{12A_2}\dfrac{y_{B_3}-y_{B_2}}{h}\right)\\ \bar{\mathfrak{L}}_{B_2}=\left(a_{21B_2}\dfrac{x_{B_3}-x_{B_2}}{h}+a_{22B_2}\dfrac{y_{B_3}-y_{B_2}}{h}\right)\end{cases}$$

$$(\mathfrak{L})_A:\ \begin{cases} \mathfrak{L}_{iA_2}=\left(p_{i1A_2}\dfrac{u_{1B_3}-u_{1B_2}}{h}+\cdots+p_{i,n+1A_2}\dfrac{u_{n+1B_3}-u_{n+1B_2}}{h}\right)\\ \mathfrak{L}_{1B_2}=\left(p_{11B_2}\dfrac{u_{1B_3}-u_{1B_2}}{h}+\cdots+p_{1,n+1B_2}\dfrac{u_{n+1B_3}-u_{n+1B_2}}{h}\right)\end{cases}$$

Für $h< h_0$ bleiben die Koeffizientendeterminanten: $\varDelta$, $\bar{\varDelta}$ der Formen $(\mathfrak{L})$, $(\bar{\mathfrak{L}})$ längs A_i: $>\delta>0$ bzw. $>\bar{\delta}>0$. Nehmen wir an, es liegen längs der Schrägreihe der Gitterpunkte A_i obige Linearkombinationen absolut unter M, so erhalten wir die Abschätzung:

$$(20)\qquad |\dot{u}_k|_{B_i}< p\,M;\quad |\dot{x}|_{B_i}< p\,M;\quad |\dot{y}|_{B_i}< p\,M,$$

wobei p nicht von h, sondern nur vom Bereich $\mathfrak{B}$ abhängt. Beachten wir danach das System III'_{B_1}, so ergeben sich für die Differenzenquotienten an L_2:

$$(21)\qquad \left\{\left|\frac{u_{kC_2}-u_{kB_2}}{h}\right|,\ \right\}< q\,(pM);\quad \left|\frac{\sigma_{C_2}-\sigma_{B_1}}{h}\right|< nM$$

mit festen Konstanten q und n.

Wir geben uns nach diesen orientierenden Betrachtungen eine positive Zahl $N > M$ vor. Unter der Voraussetzug:

$$
\mathfrak{A}\begin{cases}
\text{1. Es liegen alle Funktionswerte in } \mathfrak{B}. \\
\text{2. Die Koeffizientendeterminanten der Linearformen des} \\
\quad \text{Typus } (\mathfrak{L}),\ (\bar{\mathfrak{L}}) \text{ bleiben } \geq \delta > 0;\ \geq \bar{\delta} > 0. \\
\text{3. Die Linearformen des Typus } (\mathfrak{L}),\ (\bar{\mathfrak{L}}) \text{ liegen absolut unter} \\
\quad N\ (N > 1).
\end{cases}
$$

ergeben sich für die ersten Differenzenquotienten des Typus (21) an L_2 die Abschätzungen

$$
(22):\qquad \{|u'_k|_{L_2};\quad |x'|_{L_2};\quad |y'|_{L_2};\quad |\sigma`|_{L_2}\} < rN,
$$

wobei r eine feste von h unabhängige Konstante bedeutet. Wir bilden sodann die Differenz der beiden Gleichungen:

$$
\left(p_{11C_2}\frac{u_{1C_3}-u_{1C_2}}{h}+p_{12C_2}\frac{u_{2C_3}-u_{2C_2}}{h}+\cdots\right)=T_{1C_2}
$$
$$
\left(p_{11B_2}\frac{u_{1B_3}-u_{1B_2}}{h}+p_{12B_2}\frac{u_{2B_3}-u_{2B_2}}{h}+\cdots\right)=T_{1B_2}
$$

und formen dieselben in der folgenden Weise um:

$$
\text{IX}'\begin{cases}
\left[p_{11B_2}\left(\frac{u_{1C_3}-u_{1C_2}}{h}-\frac{u_{1B_3}-u_{1B_2}}{h}\right)+\cdots\right]=h\frac{T_{1C_2}-T_{1B_2}}{h} \\
\qquad -h\left(\frac{u_{1C_3}-u_{1C_2}}{h}\right)\left(\frac{p_{11C_2}-p_{11B_2}}{h}\right)-\cdots \\
\left[p_{11B_2}\frac{u_{1C_3}-u_{1B_3}}{h}+p_{12B_2}\frac{u_{2C_3}-u_{2B_3}}{h}+\cdots\right] \\
=\left[p_{11B_1}\frac{u_{1C_2}-u_{1B_2}}{h}+p_{12B_1}\frac{u_{2C_2}-u_{2B_2}}{h}+\cdots\right]+h\frac{T_{1C_2}-T_{1B_2}}{h} \\
\qquad -h\left(\frac{u_{1C_3}-u_{1C_2}}{h}\right)\left(\frac{p_{11C_2}-p_{11B_2}}{h}\right)+\cdots \\
\qquad +h\left(\frac{u_{1C_2}-u_{1B_2}}{h}\right)\left(\frac{p_{11B_2}-p_{11B_1}}{h}\right)+\cdots
\end{cases}
$$

Zur Gleichung IX′ fügen wir noch diejenige weitere Gleichung hinzu, die aus der analogen Umformung der zweiten Gleichung von V′ resultiert. Nach (22) existiert, solange $\mathfrak{A}$ gültig ist, eine von h unabhängige positive Konstante R als Schranke für die Linearformen des Typus (23):

$$(23)\quad \begin{cases} \left|\left(p_{11B_1}\dfrac{u_{1C_2}-u_{1B_2}}{h}+p_{12B_1}\dfrac{u_{2C_2}-u_{2B_2}}{h}+\cdots\right)\right|<R \\ \left|\left(p_{12C_2}\dfrac{u_{1D_3}-u_{1C_3}}{h}+p_{12C_2}\dfrac{u_{2D_3}-u_{2C_3}}{h}+\cdots\right)\right|<R \\ \\ \\ \left|\left(a_{21B_1}\dfrac{x_{C_2}-x_{B_2}}{h}+a_{22B_1}\dfrac{y_{C_2}-y_{B_2}}{h}\right)\right|<R \end{cases}$$

Wir geben uns jetzt erneut eine positive Größe $S > R$ vor. Solange $\mathfrak{A}$ gilt und die Linearformen des folgenden Typus:

$$(24)\quad \begin{cases} \left(p_{11B_i}\dfrac{u_{1C_{i+1}}-n_{1B_{i+1}}}{h}+\cdots\right); \\ \left(a_{21B_i}\dfrac{x_{C_{i+1}}-x_{B_{i+1}}}{h}+a_{22B_i}\dfrac{y_{C_{i+1}}-y_{B_{i+1}}}{h}\right) \\ \left(p_{11C_i}\dfrac{u_{1D_{i+1}}-u_{1C_{i+1}}}{h}+\cdots\right); \\ \left(a_{21C_i}\dfrac{x_{D_{i+1}}-x_{C_{i+1}}}{h}+a_{22C_i}\dfrac{y_{D_{i+1}}-y_{C_{i+1}}}{h}\right) \\ \end{cases}$$

bleiben absolut unter S, ergeben sich unter Hinzuziehung der entsprechenden Gleichungen des Systems V′, wenn wir die Differenzenquotienten nach der β-Richtung in bekannter Weise durch diejenigen nach der α- und ω-Richtung ausdrücken, für die ersten Differenzenquotienten die Abschätzungen:

$$(25)\qquad \{|u_k'|,\ |x'|,\ |y'|\} < Q$$

wobei Q nur von S und den Daten der Voraussetzung $\mathfrak{A}$ abhängt. Wir bezeichnen das Maximum von Q, G, rN mit T und ziehen alsdann die Gleichungen IX′ in Betracht. Sei längs der Schrägreihe der Gitterpunkte B_i die Voraussetzung $\mathfrak{A}$ erfüllt, dann gilt jedenfalls für die: $|\dot{u}_i|_{C_i}$, $|\dot{x}|_{C_i}$, $|y|_{C_i}$ die Abschätzung:

$$(26)\qquad \{|\dot{u}_k|_{C_i},\ |\dot{x}|_{C_i},\ |\dot{y}|_{C_i}\} < pN$$

Wir schätzen die mit h multiplizierten Glieder auf der rechten Seite der Gleichungen IX′ nach dem Mittelwertsatz ab, indem wir für die Differenzenquotienten:

$$\frac{1}{h}(u_{kC_3} - u_{kB_3}); \quad \frac{1}{h}(x_{C_3} - x_{B_3}); \quad \frac{1}{h}(y_{C_3} - y_{B_3})$$

sogleich die Schranke T benutzen. Man erhält:

$$(27) \qquad \begin{cases} \left|\left(p_{11B_3}\frac{u_{1C_3} - u_{1B_3}}{h} + \cdots\right)\right| < R + h\bar{s}\,TN \\ \left|\left(a_{21B_3}\frac{x_{C_3} - x_{B_3}}{h} + \cdots\right)\right| < R + h\bar{s}\,TN \end{cases}$$

mit von h unabhängigem $\bar{s}$. Ist h klein genug, daß die rechte Seite von (27) kleiner als S bleibt, so können wir bei Gültigkeit der Voraussetzungen $\mathfrak{A}$ die im Gitterpunkt B_3 gebildeten Linearformen des Typus (24) abschätzen. Wir erhalten die Schranke:

$$R + 2h\bar{s}\,T\,N$$

Ist folglich: $d' \leq \frac{1}{2}\sqrt{2}\,s$ eine positive Größe, für die:

$$R + d'\bar{s}TN \leq S \rightarrow d' \leq \frac{S-R}{\bar{s}TN}$$

erfüllt ist, so bleiben bei Erfülltsein der Voraussetzungen $\mathfrak{A}$ sicher, längs der zur Geraden $\alpha + \beta = 0$ parallelen Gitterreihen bis zur Abszisse $-d'$, die ersten Differenzenquotienten: $|u'_k|$, $|x'|$, $|y'|$ gleichmäßig unter T:

$$\{|u'_k|;\ |x'|;\ |y'|\} < T$$

Es handelt sich jetzt darum, ein Gebiet: $\mathfrak{D}_2 \subseteq \mathfrak{D}_1$

$$\mathfrak{D}_2:\ \alpha + \beta \geq 0; \quad -d' \leq -d_2 \leq \alpha \leq 0; \quad 0 \leq \beta \leq d_2 \leq d'$$

anzugeben, so daß ab genügend kleinen Maschenweiten tatsächlich in $\mathfrak{D}_2$ die in Voraussetzung $\mathfrak{A}$ niedergelegten Bedingungen erfüllt bleiben müssen.

Zu diesem Zweck untersuchen wir die Funktionswerte von σ in den einzelnen Gitterpunkten. Falls $\mathfrak{A}$ gilt, bleiben nach (22) längs L_2: $|\dot{\sigma}|_{L_2} < rN$ Des weiteren ergibt sich, wie man aus den Gleichungen des Typus IV′ sogleich erkennt, für $|\dot{\sigma}|$ die Abschätzung:

$$(28) \qquad |\dot{\sigma}| < A$$

wobei A von den in $\mathfrak{A}$ vorkommenden Schranken und von T abhängt.

Hieraus folgt sofort, wir können d_2 von $\mathfrak{D}_2$ so klein annehmen, daß bei Gültigkeit aller übrigen Bedingungen $\mathfrak{A}$ bereits σ in $\mathfrak{B}$ bleiben muß, und (28) stets gilt. Wir denken uns für das weitere d_2 bereits so klein gewählt.

Der nächste Schritt besteht darin, die Linearkombinationen des Typus ($\mathfrak{L}$) bzw. ($\bar{\mathfrak{L}}$) längs der zur Anfangsgeraden: $\alpha + \beta = 0$ parallelen Schrägreihen schrittweise abzuschätzen. Wir gehen dabei genau so wie beim Beweise des Existenzsatzes für das Anfangswertproblem vor. Wir subtrahieren, um einen bestimmten Gitterpunkt ins Auge zu fassen, die $(n + 2)$-ten Gleichungen der Systeme V'_{B_1}, V'_{B_2} voneinander und formen in der folgenden Weise um:

$$
X' \left\{
\begin{aligned}
&\gamma_{nB_2}\left(p_{n1B_2}\frac{u_{1C_3}-u_{1B_3}}{h}+\cdots\right)+\left(p_{n1B_2}\frac{u_{1C_3}-u_{1B_2}}{h}+\cdots\right)\\
&-\gamma_{nB_1}\left(p_{n1B_1}\frac{u_{1C_2}-u_{1B_2}}{h}+\cdots\right)-\left(p_{n1B_1}\frac{u_{1C_2}-u_{1B_1}}{h}+\cdots\right)=T_{nB_2}-T_{nB_1}\\
&\gamma_{nB_2}\left\{p_{n1B_2}\frac{1}{h}(u_{1C_3}-u_{1B_3}-u_{1C_2}+u_{1B_2})+\cdots\right\}\\
&\quad+h\left\{\left(\frac{u_{1C_2}-u_{1B_2}}{h}\right)\left(\frac{\gamma_{nB_2}p_{n1B_2}-\gamma_{nB_1}p_{n1B_1}}{h}\right)+\cdots\right\}\\
&\quad+\left\{p_{n1B_2}\frac{1}{h}(u_{1C_3}-u_{1B_2}-u_{1C_2}+u_{1B_1})+\cdots\right\}\\
&\quad+h\left\{\left(\frac{u_{1C_2}-u_{1B_1}}{h}\right)\left(\frac{p_{n1B_2}-p_{n1B_1}}{h}\right)+\cdots\right\}=h\frac{T_{nB_2}-T_{nB_1}}{h}\\
&(\gamma_{nB_2}+1)\left\{p_{n1B_2}\frac{u_{1C_3}-u_{1C_2}}{h}+\cdots\right\}=\gamma_{nB_2}\left\{p_{n1A_2}\frac{u_{1B_3}-u_{1B_2}}{h}+\cdots\right\}\\
&\quad+\left\{p_{n1A_1}\frac{u_{1B_2}-u_{1B_1}}{h}+\cdots\right\}\\
&\quad-h\left\{\left(\frac{u_{1C_2}-u_{1B_2}}{h}\right)\left(\frac{\gamma_{nB_2}p_{n1B_2}-\gamma_{nB_1}p_{n1B_1}}{h}\right)+\cdots\right\}\\
&\quad-h\left\{\left(\frac{u_{1C_2}-u_{1B_1}}{h}\right)\left(\frac{p_{n1B_2}-p_{n1B_1}}{h}\right)+\cdots\right\}\\
&\quad+h\left\{\gamma_{nB_2}\left(\frac{u_{1B_3}-u_{1B_2}}{h}\right)\left(\frac{p_{n1B_2}-p_{n1A_2}}{h}\right)+\cdots\right\}\\
&\quad+h\left\{\left(\frac{u_{1B_2}-u_{1B_1}}{h}\right)\left(\frac{p_{n1B_2}-p_{n1A_1}}{h}\right)+\cdots\right\}+h\frac{T_{nB_2}-T_{nB_1}}{h}
\end{aligned}
\right.
$$

Wir verwenden bei der Abschätzung als Schranken für die ersten Differenzenquotienten:

$$u'_k, \quad x', \quad y'$$

jeweils die Konstante T. Die Differenzenquotienten:

$$u^{\backprime}_k, \quad x^{\backprime}, \quad y^{\backprime}$$

drücken wir in bekannter Weise durch die:

$$u'_k, \quad x', \quad y' \quad \text{und} \quad \dot{u}_k, \quad \dot{x}, \quad \dot{y} \qquad \text{aus.}$$

Schließlich bemerken wir noch als für das folgende wesentlichen Umstand die Tatsache, daß in den Gleichungen des Typus X′ unter den Differenzenquotienten von σ nur $\dot{\sigma}$ tatsächlich vorkommt. Für $|\dot{\sigma}|$ setzen wir als obere Schranke die Konstante A von vorhin. Wir können genau wie auf Seite 18 schließen.

Liegen bei Gültigkeit der Voraussetzungen $\mathfrak{A}$ die Linearkombinationen:

$$(\mathfrak{L}_{A_i}), \quad (\bar{\mathfrak{L}}_{A_i}) \qquad \text{längs der } A_i$$

in $\mathfrak{D}_2$ absolut unter M, so folgt längs der folgenden Gitterreihe der B_i die Abschätzung:

$$\left|\left(p_{n1B_i}\frac{u_{i\,C_{i+1}}-u_{i\,C_i}}{h}+\cdots\right)\right| < M + h r_1 M^2 + h r_2 M T \text{ mit } M > 1$$

Dabei sind r_1, r_2 feste von h, das wir genügend klein wählen, unabhängige Konstanten. In der gleichen Weise können wir auch die anderen Linearformen abschätzen.

Wir stellen fest: Es existieren nur von $\mathfrak{A}$ abhängige Konstante k_1, k_2, so daß für die absoluten Beträge aller $(n+3)$ Linearformen des Typus $(\mathfrak{L})$, $(\bar{\mathfrak{L}})$ in den Gitterpunkten B_i gilt:

$$|(\mathfrak{L}), (\bar{\mathfrak{L}})|_{B_i} < M + h k_1 M^2 + h k_2 M T$$

Auf den folgenden Schrägreihen wiederholen wir den Schluß mit den gleichen Konstanten. Bezeichnen wir obere Schranken längs der einzelnen Schrägreihen mit: $M_1, M_2, \ldots, M_k$, so gilt:

$$\frac{M_{\nu+1}-M_\nu}{h} = k_1 M_\nu^2 + k_2 T M_\nu$$

Die Lösungen dieser Differenzengleichung werden von den entsprechenden Lösungen der Differentialgleichung:

$$\frac{dM}{dh} = k_1 M^2 + k_2 M T$$

majorisiert. Daraus ersehen wir schließlich, wir können sicher den Bereich $\mathfrak{D}_2$ so klein annehmen, daß von genügend kleinen Maschenweiten ab stets für alle Gitterpunkte in $\mathfrak{D}_2$ die $(\mathfrak{L})$, $(\bar{\mathfrak{L}})$ absolut unter $N > M$ bleiben. Wir brauchen nur die zuletzt beschriebene Abschätzungsmethode mit der auf Seite 43 ff. durchgeführten zu kombinieren und unter Beachtung der Reihenfolge den Gang der einzelnen Abschätzungen schrittweise zu verfolgen, um zu erkennen, daß in der Tat die Schranken T für die:

$$|u'_k|; \quad |x'|.; \quad |y'|$$

und A für $|\dot{\sigma}|$ und N für die $(\mathfrak{L})$, $(\bar{\mathfrak{L}})$ bei genügend kleinem d_2 niemals überschritten werden können, solange $\mathfrak{A}_1$, $\mathfrak{A}_2$ gilt. Das letztere können wir aber durch Beschränkung auf genügend kleine Maschenweiten h wegen der gleichmäßigen Stetigkeit der Koeffizienten der Determinanten im abgeschlossenen Bereich $\mathfrak{B}$ erreichen, solange $\mathfrak{A}_1$ gilt. Wir brauchen dazu wieder nur die Reihenfolge der Abschätzungen und die gleichmäßigen Schranken für die ersten Differenzenquotienten zu beachten. Schließlich erkennen wir, daß wir durch eventuell weiteres Verkleinern von d_2 es erreichen können, daß die Werte der abhängigen Variablen: σ, u_k, x, y stets ab genügend kleinen Maschenweiten in $\mathfrak{B}$ bleiben müssen, womit die auf Seite 40 ausgesprochene Behauptung bewiesen ist.

Indem wir jeweils die erhaltenen Resultate wieder mit hinzuziehen, stellen wir fest, daß wir das soeben skizzierte Abschätzungsverfahren in Analogie noch dreimal anwenden können, um die folgenden Differenzenquotienten abzuschätzen:

$$(29) \quad \left\{ \begin{array}{c} \ddot{\sigma},\ \dddot{\sigma},\ \dot{u}'_k,\ \ddot{u}'_k,\ \dddot{u}'_k; \quad \ddot{u}_k,\ \dddot{u}_k,\ u_k^{\mathrm{IV}} \\ \dot{x}',\ \ddot{x}',\ \dddot{x}'; \quad \dot{y}',\ \ddot{y}',\ \dddot{y}'; \quad \ddot{x},\ \dddot{x},\ x^{\mathrm{IV}}; \quad \ddot{y},\ \dddot{y},\ y^{\mathrm{IV}} \\ \dot{u}_k^{\backprime},\ \ddot{u}_k^{\backprime},\ \dddot{u}_k^{\backprime}; \quad \dot{x}^{\backprime},\ \ddot{x}^{\backprime},\ \dddot{x}^{\backprime}; \quad \dot{y}^{\backprime},\ \ddot{y}^{\backprime},\ \dddot{y}^{\backprime} \end{array} \right.$$

Wir erhalten das Resultat:
Es existiert ein Bereich: $\mathfrak{D}_3 \subseteq \mathfrak{D}_2$.

$$\mathfrak{D}_3: \ \alpha + \beta \geq 0; \quad -d_3 \leq \alpha \leq \sigma; \quad 0 \leq \beta \leq d_3$$

in dem ab genügend kleinen Maschenweiten $h < h_1$ die abhängigen Variablen in $\mathfrak{B}$, und die Differenzenquotienten (29) gleichmäßig beschränkt bleiben.

Für das Weitere beschränken wir unsere Betrachtungen nur noch auf den Bereich $\mathfrak{D}_3$ nebst Maschenweiten $h < h_1$. Die nächsten Überlegungen beschäftigen sich damit, die Schwankung der Differenzenquotienten (29) in der α-Richtung zu untersuchen.

Wir ersetzen in den Systemen des Typus III′ Seite 35 die Differenzenquotienten nach β durch diejenigen nach der α- und ω-Richtung. Daraufhin subtrahieren wir entsprechende, in Gitterpunkten auf der β-Achse gebildete Gleichungen voneinander. Nach geeigneter Umformung unter Hinzuziehung des Mittelwertsatzes erkennen wir, wenn wir die gleichmäßige Beschränktheit von $\sigma^{\backprime}$ längs L_2 und diejenige von $|\dot{u}^{\backprime}_k|$, $|\dot{x}^{\backprime}|$, $|\dot{y}^{\backprime}|$ beachten.

Ist ε beliebig vorgegeben, so läßt sich ein $\delta'(\varepsilon)$ stets so bestimmen, daß in $\mathfrak{D}_3$ längs $\alpha = 0$ ab genügend kleinen Maschenweiten die Differenzen:

$$(30) \qquad \{|u'_{kQ_1} - u'_{kQ_2}|; \ |x'_{Q_1} - x'_{Q_2}|; \ |y'_{Q_1} - y'_{Q_2}|\} < \varepsilon,$$

in zwei beliebigen Gitterpunkten Q_1 und Q_2 des Abstandes $\leq \delta'(\varepsilon)$, kleiner als ε ausfallen. Das gleiche beweist man für die entsprechenden Differenzenquotienten nach der β-Richtung. Aus der erwiesenen gleichmäßigen Beschränktheit von $|\dot{u}'_k|$, $|\dot{x}'|$, $|\dot{y}'|$ folgt dann weiter:

Ist ε beliebig vorgegeben, so läßt sich ein δ stets so bestimmen, daß ab genügend kleinen Maschenweiten die Differenzen:

$$(31) \qquad \{|u'_{kT_1} - u'_{kT_2}|, \ |x'_{T_1} - x'_{T_2}|, \ |y'_{T_1} - y'_{T_2}|\} < \varepsilon$$

kleiner als ε ausfallen, wobei T_1 T_2 zwei beliebige Gitterpunkte in einem beliebigen gleichschenklig rechtwinkligen Dreieck Δ von $\mathfrak{D}_3$ bedeuten, dessen eine Kathete auf $\alpha = 0$ liegt und kleiner als $\delta(\varepsilon)$ ausfällt, und dessen Hypothenuse parallel der Geraden $\alpha + \beta = 0$ verläuft; dasselbe beweist man für die β-Richtung.

Wir ziehen (vgl. Fig. 8) durch die beiden Eckpunkte A_1, C_3 des Bereiches Δ Parallelen zur Anfangsgeraden, die einen Streifen Σ im Innern von $\mathfrak{D}_3$ begrenzen. Wir werden die Differenzen:

$$(32) \qquad |u'_{k\,T_1} - u'_{k\,T_2}|; \quad |x'_{T_1} - x'_{T_2}|; \quad |y'_{T_1} - y'_{T_2}|$$

wobei $\overline{T_1\,T_2}$ parallel der α-Achse verlaufen soll, in Σ abschätzen.

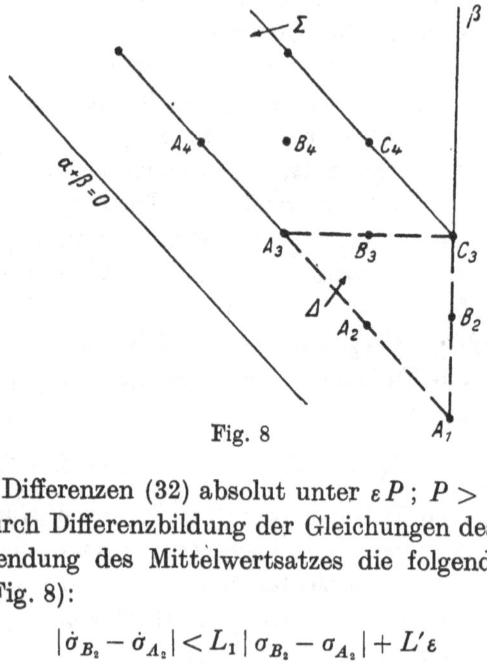

Fig. 8

Falls die Differenzen (32) absolut unter εP; $P > 1$ liegen, ergibt sich durch Differenzbildung der Gleichungen des Typus IV′ nebst Anwendung des Mittelwertsatzes die folgende Abschätzung (vgl. Fig. 8):

$$(33) \qquad |\dot{\sigma}_{B_2} - \dot{\sigma}_{A_2}| < L_1\,|\sigma_{B_2} - \sigma_{A_2}| + L'\varepsilon$$

mit festen, für ganz $\mathfrak{D}_3$ gültigen Konstanten L_1, L', wobei wir noch $\delta < \varepsilon$ wählen. Wegen:

$$|\sigma_{B_3} - \sigma_{A_3}| = |\sigma_{B_2} - \sigma_{A_2} + h\sqrt{2}\,\dot{\sigma}_{B_2} - h\sqrt{2}\,\dot{\sigma}_{A_2}|$$
$$\leq |\sigma_{B_2} - \sigma_{A_2}| + h\sqrt{2}\,|\dot{\sigma}_{B_2} - \dot{\sigma}_{A_2}|$$

ergibt sich:

$$(34) \quad |\sigma_{B_3} - \sigma_{A_3}| \leq |\sigma_{B_2} - \sigma_{A_2}| + h\sqrt{2}\,L_1\,|\sigma_{B_2} - \sigma_{A_2}| + h\,\varepsilon\,L' \cdot \sqrt{2}$$

Die Abschätzung (34) gilt in Σ in analoger Weise auch für die weiteren Gitterpunkte, solange die Voraussetzung erfüllt bleibt, daß die Differenzen des Typus (32) absolut unter εP bleiben. Die Lösungen der Differenzengleichung

$$\frac{U_{k+1}-U_k}{h} = s\,U_k + \varepsilon L''$$

werden von den entsprechenden Lösungen der Differentialgleichung:

$$\frac{dU}{dt} = s\,U + \varepsilon L''; \quad U = -\frac{\varepsilon L''}{s} + a\,e^{st}$$

majorisiert. Man erhält, wenn man dies berücksichtigt, die Abschätzung:

$$(35) \qquad |\sigma_{J_1} - \sigma_{J_2}| < \varepsilon \bar{N}$$

welche für alle Gitterpunkte J_i in Σ gültig ist, wobei $\overline{J_1 J_2}$ parallel der α-Achse verläuft. Die Konstante $\bar{N}$ ist von h unabhängig und gilt für das gesamte Gebiet. Wir können nämlich das Dreieck Δ genügend klein wählen, so daß: $|\sigma_{R_1} - \sigma_{R_2}| < \varepsilon k$, bei festem k, für zwei beliebige Gitterpunkte in Δ gleichmäßig bleibt. Schließlich folgt aus (33) noch die Abschätzung:

$$(36) \qquad |\dot{\sigma}_{J_1} - \dot{\sigma}_{J_2}| < \varepsilon(L\bar{N} + L') = \varepsilon L.$$

Wir ziehen alsdann die Gleichungen des Typus VI′ Seite 38 in Betracht. Wir bilden (vgl. Fig. 8) die Differenzen entsprechender Gleichungen der Systeme: $\mathrm{VI}'_{B_3} - \mathrm{VI}'_{A_3}$ und $\mathrm{VI}'(0)_{C_3} - \mathrm{VI}'(0)_{B_3}$ Offenbar können wir die Gleichungen in geeigneter Weise derart umformen, daß wir für die Differenzen:

$$(\dot{u}'_{kB_3} - \dot{u}'_{kA_3}); \quad (\dot{x}'_{B_3} - \dot{x}'_{A_3}); \quad (\dot{y}'_{B_3} - \dot{y}'_{A_3})$$

ein lineares Gleichungssystem mit nicht verschwindender Koeffizientendeterminante erhalten. Wir formen die auftretenden Differenzen in der üblichen Weise unter Hinzuziehung des Mittelwertsatzes um und benützen die bereits erwiesenen Schranken für die Differenzenquotienten. Wir merken besonders an: Auf den rechten Seiten kommen neben den Differenzen: $(u'_{kB_3} - u'_{kA_3})$ u. a. noch diejenigen von

$$(\dot{\sigma}_{B_3} - \dot{\sigma}_{A_3}); \quad (\sigma_{B_3} - \sigma_{A_3}) \quad \text{und} \quad (\bar{\sigma}_{B_3} - \bar{\sigma}_{A_3})$$

vor, wobei die Striche andeuten, daß es sich um Zwischenwerte handelt. Bei der Abschätzung setzen wir für die Differenzen: $(\dot{\sigma}_{B_3} - \dot{\sigma}_{A_3})$ die obere Schranke (36) ein und für: $(\sigma_{B_3} - \sigma_{A_3})$; $(\bar{\sigma}_{B_3} - \bar{\sigma}_{A_3})$ nehmen wir als obere Schranke:

$$\varepsilon(\bar{N} + 2A).$$

Unter Berücksichtigung von (31) erhalten wir die Abschätzung:

$$(37) \qquad \{|\dot{u}'_{kB_3} - \dot{u}'_{kA_3}|; \quad |\dot{x}'_{B_3} - \dot{x}'_{A_3}|; \quad |\dot{y}'_{B_3} - \dot{y}'_{A_3}|\} < \varepsilon S$$

wenn wir noch $\varepsilon > \delta$ in Rechnung stellen. Folglich gilt für die Differenzenquotienten der folgenden Reihe: u'_{kB_4}, u'_{kA_4} die Abschätzung:

$$\{|u'_{kB_4} - u'_{kA_4}|; \quad |x'_{B_4} - x'_{A_4}|; \quad |y'_{B_4} - y'_{A_4}|\} < \varepsilon + h\sqrt{2}\,\varepsilon S$$

für genügend kleines h bleibt demzufolge noch:

$$\{|u'_{kB_4} - u'_{kA_4}| \quad |x'_{B_4} - x'_{A_4}|\} < \varepsilon P$$

und daher bleiben:

$$|\dot{\sigma}_{B_4} - \dot{\sigma}_{A_4}| < \varepsilon J; \quad |\sigma_{B_4} - \sigma_{A_4}| < \varepsilon N$$

bestehen. Wir können also das Abschätzungsverfahren mit den gleichen Konstanten weiterführen und erhalten beim zweiten Schritt als Schranke: $\varepsilon(1 + h\sqrt{2}\,S)^2$.

Wegen
$$\lim_{k\to\infty}\left(1 + \frac{c}{k}\right)^k = e^c$$

ersehen wir, daß wir in der Tat durch eventuell weiteres Verkleinern der Gebietskonstanten d_3 es erreichen können, daß für alle genügend kleinen Maschenweiten in $\mathfrak{D}_3$ gilt:

$$(38) \quad \begin{cases} \{|u'_{kR_1} - u'_{kR_2}|; \quad |x'_{R_1} - x'_{R_2}|; \quad |y'_{R_1} - y'_{R_2}|\} < \varepsilon P \\ \{|\dot{u}'_{kR_1} - \dot{u}'_{kR_2}|; \quad |\dot{x}'_{R_1} - \dot{x}'_{R_2}|; \quad |\dot{y}'_{R_1} - \dot{y}'_{R_2}|\} < \varepsilon PS \end{cases}$$

$$|\dot{\sigma}_{R_1} - \dot{\sigma}_{R_2}| < \varepsilon J; \quad |\sigma_{R_1} - \sigma_{R_2}| < \varepsilon \bar{N}$$

Hierbei sind R_1, R_2 ganz im halboffenen Bereich:

$$\underline{\mathfrak{D}}_3: \alpha + \beta > 0; \quad -d_3 \leq \alpha \leq 0; \quad 0 < \beta \leq d_3$$

gelegen, $\overline{R_1 R_2}$ verläuft parallel der α-Achse, und der Abstand: $|R_1 - R_2|$ ist kleiner als $\delta(\varepsilon)$.

Gestützt auf das obige Abschätzungsschema können wir die Schwankungen der höheren Differenzenquotienten:

$$\ddot{u}'_k, \quad \ddot{x}', \quad \ddot{y}', \quad \ddot{u}^{\backprime}_k, \quad \ddot{x}^{\backprime}, \quad \ddot{y}^{\backprime}$$

in $\underline{\mathfrak{D}}$ nach der α-Richtung nach dem vorigen übersehen. Wir fassen zusammen:

1. Wir können einen Bereich $\mathfrak{D}$: $-d \leq \alpha \leq 0$; $0 \leq \beta \leq d$; $\alpha + \beta \geq 0$ wählen, so daß für alle Maschenweiten $h < \bar{h}$ die errechneten Werte von x, y, u_k, σ gleichmäßig in $\mathfrak{D}$ beschränkt bleiben. Weiterhin bleiben die ersten Differenzenquotienten von x, y, u_k und: $\dot{\sigma}$, $\ddot{\sigma}$, $\dddot{\sigma}$, $\sigma^{\backprime}_{L_2}$

$$\begin{gathered}\ddot{u}_k, \ \ddot{x}, \ \ddot{y}, \ \dddot{u}_k, \ \dddot{x}, \ \dddot{y}, \ u_k^{\mathrm{IV}}; \ x^{\mathrm{IV}}; \ y^{\mathrm{IV}}; \ \dot{u}'_k, \ \dot{x}', \ \dot{y}' \\ \ddot{u}'_k, \ \ddot{x}', \ \ddot{y}', \ \dddot{u}'_k, \ \dddot{x}', \ \dddot{y}'; \ \dot{u}^{\backprime}_k, \ \dot{x}^{\backprime}, \ \dot{y}^{\backprime}; \ \ddot{u}^{\backprime}_k, \ \ddot{x}^{\backprime}, \ \ddot{y}^{\backprime} \\ \dddot{u}^{\backprime}_k, \ \dddot{x}^{\backprime}, \ \dddot{y}^{\backprime}; \ u^{\backprime\backprime}_{k_{L_2}}; \ x^{\backprime\backprime}_{L_2}; \ y^{\backprime\backprime}_{L_2}\end{gathered}$$

gleichmäßig beschränkt.

2. Es existiert zu jeder beliebig vorgegebenen Größe ε ein $\delta(\varepsilon)$, so daß in $\underline{\mathfrak{D}}$ für alle Gitterpunkte eines Quadrates der Seitenlänge $< \delta$ die Schwankungen von:

$$(*) \qquad \left\{\begin{array}{l} x, \ y, \ u_k, \ \sigma, \ x', \ y', \ u'_k, \ x^{\backprime}, \ y^{\backprime}, \ u^{\backprime}_k, \ \dot{\sigma}, \ \ddot{\sigma}, \\ \dot{x}, \ \dot{y}, \ \dot{u}_k, \ \dot{x}', \ \dot{y}', \ \dot{u}'_k; \ \dot{x}^{\backprime}, \ \dot{y}^{\backprime}, \ \dot{u}^{\backprime}_k; \ \ddot{x}', \ \ddot{y}', \ \ddot{u}'_k \\ \ddot{x}^{\backprime}, \ \ddot{y}^{\backprime}, \ \ddot{u}^{\backprime}_k, \ \ddot{x},' \ \ddot{y}, \ \ddot{u}_k; \ \dddot{x}, \ \dddot{y}, \ \dddot{u}_k \end{array}\right.$$

absolut unter ε für alle Gitterteilungen $h < \bar{h}$ gleichmäßig bleiben. (2 folgt unter Hinzuziehung von 1.)

Desweiteren gibt es bei vorgegebenem ε ein $\delta(\varepsilon)$, so daß längs L_2 die Differenzen: $|\sigma^{\backprime}_{R_1} - \sigma^{\backprime}_{R_2}| < \varepsilon$ für zwei Punkte R_1, R_2 des Abstandes kleiner als $\delta(\varepsilon)$ bleiben.

Man bestätigt ferner noch leicht das folgende:

Zu beliebig vorgegebenem ε können wir einen halboffenen Streifen:

$$\Sigma_\delta:\ 0 < \alpha + \beta \leq \delta(\varepsilon); \quad -d \leq \alpha \leq 0; \quad 0 \leq \beta \leq d$$

angeben, so daß ab genügend kleinen Maschenweiten jeweils die Schwankungen obiger Differenzenquotienten (*) in der α-Richtung in Σ_δ absolut unter ε bleiben.

In Analogie zu dem in meiner Arbeit[3]) gelieferten Beweis über die Konvergenz der Differenzenmethode bei der Lösung des gemischten Problems können wir in geeigneter Weise Stufenfunktionen in $\mathfrak{D}$ definieren; aus dieser Mannigfaltigkeit können wir Teilfolgen auswählen, welche gegen die gesuchten Lösungsfunktionen: x, y, u_k, σ des auf Seite 31 formulierten Problems konvergieren. Dabei haben die Grenzfunktionen: u_k, x, y stetige partielle Ableitungen erster Ordnung und ferner noch stetige Ableitungen der folgenden Ordnungen:

$$(39) \qquad \dot{x}',\ \dot{y}',\ \dot{u}_k';\ \ddot{x}',\ \ddot{y}',\ \ddot{u}_k';\ \dot{x}^{\backprime},\ \dot{y}^{\backprime},\ \dot{u}_k^{\backprime};\ \ddot{x}^{\backprime},\ \ddot{y}^{\backprime},\ \ddot{u}_k^{\backprime};\ \ddot{x},\ \ddot{y},\ \ddot{u}_k$$

Ferner besitzt die stetige Funktion σ stetige partielle Ableitungen $\dot{\sigma}$, $\ddot{\sigma}$ in $\mathfrak{D}$, und längs L_2 ist noch $\sigma^{\backprime}$ stetig.

Es verbleibt jetzt noch zu zeigen, daß das soeben konstruierte Lösungssystem ein solches des ursprünglich formulierten Problems liefert (vgl. Seite 25).

Zunächst erkennt man, daß aus dem Lösungssystem (39) nach Drehung des α, β-Systems um $-45°$ Lösungen des auf Seite 29 formulierten Problems im Winkelbereich $(L_1\, L_2)$ resultieren. Wir bezeichnen dasselbe wiederum mit:

$$x(\alpha, \beta), \quad y(\alpha, \beta), \quad u_k(\alpha, \beta), \quad \sigma(\alpha, \beta), \quad \tau(\alpha, \beta)$$

und lösen $x(\alpha, \beta)$, $y(\alpha, \beta)$ nach α, β auf. Dazu ist zu beweisen, daß: $\Delta = |x_\alpha\, y_\beta - x_\beta\, y_\alpha|$ nicht verschwindet. Im Nullpunkt und damit aus Stetigkeitsgründen in einer genügend kleinen Nachbarschaft von **0** kann dieser Fall aber nicht eintreten. Denn aus $\Delta = 0$ folgte wegen (6):

$$\begin{vmatrix} \lambda_1 & y_\beta & y_\beta \\ \lambda_n & y_\alpha & y_\alpha \end{vmatrix} = 0 = y_\alpha\, y_\beta(\lambda_1 - \lambda_n)$$

[3]) loc. cit. [5] (I).

Also müßte, da y_β als von Null verschieden angenommen werden kann, y_α in 0 verschwinden. Aus Gleichung (10) Seite 28 folgt, da mit y_α auch x_α wegen (6) verschwindet:

$$y_\beta = f' x_\beta .$$

Da auch: $y_\beta = \frac{1}{\lambda_1} x_\beta$ folgte: $f'_0 = \frac{1}{\lambda_{1_0}}$ was nicht der Fall ist.

Folglich ist in einer genügend kleinen Nachbarschaft U von **0** die Auflösung stets gewährleistet.

Sei demzufolge:

$$\alpha = \varphi(x, y); \quad \beta = \psi(x, y). \tag{40}$$

Aus der Gültigkeit von (6) folgt die Existenz von Null verschiedener Funktionen: $\tilde{\sigma}^*(x, y)$, $\tilde{\tau}^*(x, y)$, wofür:

$$\varphi_x = -\tilde{\sigma}^*; \quad \varphi_y = \tilde{\sigma}^* \tilde{\lambda}_1; \quad \psi_x = -\tilde{\tau}^*; \quad \psi_y = \tilde{\tau}^* \tilde{\lambda}_n \tag{41}$$

Hierbei werde mit $\tilde{\lambda}_i$ derjenige Ausdruck bezeichnet, der entsteht, wenn man in den Argumenten x, y als unabhängige Variable vermöge (40) einführt. Es gilt in entsprechenden Punkten:

$$\begin{cases} \tilde{u}_k(x, y) = u_k(\alpha, \beta); & \tilde{\sigma}(x, y) = \sigma(\alpha, \beta) \\ \tilde{\sigma}^*(x, y) = \sigma^*(\alpha, \beta); & \tilde{\tau}^*(x, y) = \tau^*(\alpha, \beta). \end{cases} \tag{42}$$

Aus den Gleichungen: (41)
folgen sogleich die Gleichungen (7) Seite 27 in: $\sigma^* = \tilde{\sigma}^*$; $\tau^* = \tilde{\tau}^*$. Da nach (39) $x_{\alpha\beta}$, $y_{\alpha\beta}$ existieren und stetig sind, können wir die Integrabilitätsbedingungen: $x_{\alpha\beta} = x_{\beta\alpha}$; $y_{\alpha\beta} = y_{\beta\alpha}$ aufstellen und finden sogleich, daß die Ableitungen: σ^*_β, τ^*_α in genügend kleiner Nachbarschaft von **0** stetig sind. Da nach (39) auch noch $x_{\alpha\beta\beta}$, $y_{\alpha\beta\beta}$ stetig sind, existiert sicher auch noch $\tau^*_{\alpha\beta}$, und ist stetig. Rechnen wir die beiden Integrabilitätsbedingungen aus, so erhalten wir genau die beiden Gleichungen (14), wenn man diese auf die charakteristischen Variablen α, β trans-

formiert, diesmal allerdings gültig für die Funktionen: $\sigma^*(\alpha, \beta)$, $\tau^*(\alpha, \beta)$ an Stelle von $\sigma(\alpha, \beta)$, $\tau(\alpha, \beta)$:

$$(43)\quad \begin{cases} \tau^*(\lambda_1 - \lambda_n)\dfrac{\partial \sigma^*}{\partial \beta} = -\sigma^{*2}\dfrac{\partial \lambda_1}{\partial \alpha} - \sigma^*\tau^*\dfrac{\partial \lambda_1}{\partial \beta} \\ \sigma^*(\lambda_n - \lambda_1)\dfrac{\partial \tau^*}{\partial \alpha} = -\tau^{*2}\dfrac{\partial \lambda_n}{\partial \beta} - \sigma^*\tau^*\dfrac{\partial \lambda_n}{\partial \alpha} \end{cases}$$

Ferner folgt in der gleichen Weise wie früher, daß die Differentialrelation (12) in σ^*, τ^* erfüllt sein muß, und daß im Nullpunkt: $\sigma^* = \sigma$, $\tau^* = \tau$ und längs: $\alpha = 0$, $\tau^* = \tau$ gilt.

Wenn wir jetzt zeigen können, daß die Lösungen: σ^*, τ^* des zu den Gleichungen (43) gehörigen gemischten Anfangs-Randwertproblems, zu denen die Differentialrelation (12) tritt, durch Vorgabe von σ^*, τ^* in $\mathbf{0}$ und τ^* längs $\alpha = 0$ eindeutig bestimmt sind, folgt in hinreichender Nachbarschaft von $\mathbf{0}$ die Identität:

$$\sigma^* = \sigma; \quad \tau^* = \tau$$

Aus (42) ergibt sich dann für die ersten Ableitungen:

$$(44)\quad \begin{cases} \dfrac{\partial \tilde{u}}{\partial x} = \dfrac{\partial u}{\partial \alpha}(-\sigma^*) + \dfrac{\partial u}{\partial \beta}(-\tau^*) = \dfrac{\partial u}{\partial \alpha}(-\sigma) + \dfrac{\partial u}{\partial \beta}(-\tau) \\ \dfrac{\partial \tilde{u}}{\partial y} = \dfrac{\partial u}{\partial \alpha}(\sigma^*\lambda_1) + \dfrac{\partial u}{\partial \beta}(\tau^*\lambda_n) = \dfrac{\partial u}{\partial \alpha}(\sigma\lambda_1) + \dfrac{\partial u}{\partial \beta}(\tau\lambda_n) \end{cases}$$

Hieraus folgt, daß in der Tat die Funktionen: $\tilde{u}_i(x, y)$ das System I befriedigen. Man sieht ferner leicht ein, daß die Anfangs- und Randbedingungen erfüllt werden.

Wenn wir das obige Anfangs-Randwertproblem, dessen eindeutige Lösbarkeit wir unter gewissen Differenzierbarkeitsbedingungen zu erweisen haben, wieder durch Drehung des Koordinatensystems um 45° auf den Bereich $(L_1 L_2)$ von Seite 31 übertragen, ist es für unsere Zwecke hinreichend, den folgenden Eindeutigkeitsbeweis zu führen:

Vorgelegt sei das folgende System quasilinearer partieller Differentialgleichungen:

$$(45)\quad \begin{cases} \dfrac{\partial \sigma^*}{\partial \omega} = f_1(\sigma^*, \tau^*)\, B_1 + f_2(\sigma^*, \tau^*)\, B_2 \\ \dfrac{\partial \tau^*}{\partial \alpha} + \dfrac{\partial \tau^*}{\partial \beta} = f_3(\sigma^*, \tau^*)\, B_3 + f_4(\sigma^*, \tau^*)\, B_4 \end{cases}$$

$f_i(\sigma^*, \tau^*)$ haben mindestens stetige partielle Ableitungen bis zur zweiten Ordnung. Die $B_i(\alpha, \beta)$ sind mindestens stetige Funktionen von α, β, die jedoch in der ω-Richtung zweimal stetig differenzierbar sein sollen.

Vorgelegt sei zu (45) ein Lösungssystem: $\tau^*(\alpha, \beta)$; $\sigma^*(\alpha, \beta)$ mit den folgenden stetigen partiellen Ableitungen:

$$\frac{\partial \sigma^*}{\partial \omega};\ \left(\frac{\partial \sigma^*}{\partial \beta}\right)_{L_2};\ \frac{\partial \tau^*}{\partial \alpha};\ \frac{\partial \tau^*}{\partial \beta};\ \frac{\partial^2 \tau^*}{\partial \alpha\, \partial \omega};\ \frac{\partial^2 \tau^*}{\partial \omega^2};\ \frac{\partial^2 \tau^*}{\partial \beta\, \partial \omega}$$

das im Winkelbereich (L_1, L_2) definiert ist. In **0** wurden die Werte für σ^*, τ^* und längs L_1 τ^* als mindestens zweimal stetig differenzierbare Funktion der Bogenlänge vorgeschrieben. Längs L_2 genügen die beiden Lösungsfunktionen der folgenden Differentialrelation:

$$\frac{\partial \sigma^*}{\partial \beta} + A_1 \frac{\partial \tau^*}{\partial \beta} + \tau^* A_2 = 0 \tag{46}$$

Dabei seien die Koeffizienten: $A_1(\alpha, \beta)$, $A_2(\alpha, \beta)$ mindestens stetig.

Die Behauptung lautet: Es kann nur ein den gleichen Bedingungen wie σ^*, τ^* genügendes Lösungssystem geben.

Mit dem Beweis dieser Tatsache ist, wie man erkennt, zugleich der Beweis der Konstruktion eines Lösungssystems zu unserer eingangs formulierten Anfangs-Randwertaufgabe abgeschlossen.

Wir differenzieren zunächst die zweite Gleichung (45) nach ω und eliminieren mit Hilfe der ersten Gleichung (45) rechts wieder die Ableitung $\frac{\partial \sigma^*}{\partial \omega}$. Es ergibt sich eine Gleichung des Typus:

$$\begin{cases} \dfrac{\partial^2 \tau^*}{\partial \alpha\, \partial \omega} + \dfrac{\partial^2 \tau^*}{\partial \omega\, \partial \beta} = \sum C_i \bar{f}_i(\sigma^*, \tau^*) + \sum \dot{B}_i f_i(\sigma^*, \tau^*) \\ \qquad + \dfrac{\partial \tau^*}{\partial \omega} \sum D_i \tilde{f}_i(\sigma^*, \tau^*) \end{cases} \tag{47}$$

mit stetigen Koeffizienten: $C_i(\alpha, \beta)$, $D_i(\alpha, \beta)$; $\dot{B}_i(\alpha, \beta)$.

Sei jetzt $\bar{\sigma}(\alpha, \beta)$, $\bar{\tau}(\alpha, \beta)$ ein zweites Lösungssystem mit den gleichen Eigenschaften wie $\sigma^*(\alpha, \beta)$, $\tau^*(\alpha, \beta)$.

Auf Grund des Eindeutigkeitssatzes für die Lösungen gewöhnlicher Differentialgleichungen folgt aus der ersten Gleichung (45) sofort die Identität von: $\bar{\sigma} = \sigma^*$ längs der Anfangsgeraden. Wir stellen die Gleichungen (45), (46), (47) auch für $\bar{\sigma}$, $\bar{\tau}$ auf, subtrahieren entsprechende Gleichungen voneinander und ersetzen die auftretenden Differentialquotienten durch ihre entsprechenden Differenzenquotienten, wobei auf den rechten Seiten Korrekturgrößen ε_j anzubringen sind, welche mit h im abgeschlossenen Definitionsbereich der beiden Lösungen gegen Null konvergieren. Diese sich daraus ergebenden Systeme bezeichnen wir entsprechend mit $\overline{(45)}$, $\overline{(46)}$, $\overline{(47)}$.

Für die Differenzen: $|\dot{\bar{\sigma}} - \dot{\sigma}^*|$ erhalten wir, wenn wir in der üblichen Weise nach dem Mittelwertsatz entwickeln, die Abschätzung:

$$|\dot{\bar{\sigma}} - \dot{\sigma}^*| < R_1 |\bar{\sigma} - \sigma^*| + R_2 |\bar{\tau} - \tau^*| + \varepsilon_1, \tag{48}$$

wobei R_1, R_2 feste Konstante bedeuten und ε_1 mit h gegen Null geht.

Sei jetzt ε beliebig vorgegeben, so bestimmen wir zunächst $h < h_0$ so klein, daß die Korrekturgrößen ε_j gleichmäßig im Definitionsbereich:

$$\mathfrak{D}:\ \alpha + \beta \geq 0; \quad -\bar{d} \leq \alpha \leq 0; \quad 0 \leq \beta \leq \bar{d}$$

unter ε bleiben. Seien in $\mathfrak{D}$ die folgenden Voraussetzungen:

$$\mathfrak{A}: \quad \begin{cases} \mathfrak{A}_1: & |\bar{\tau} - \tau^*|_{\mathfrak{D}} < \varepsilon \\ \mathfrak{A}_2: & |\dot{\bar{\tau}} - \dot{\tau}^*|_{\mathfrak{D}} < \varepsilon \\ \mathfrak{A}_3: & |\bar{\sigma} - \sigma^*|_{L_1} < \varepsilon \end{cases}$$

gleichmäßig erfüllt, so folgt aus (48) die für $\mathfrak{D}$ gültige Abschätzung:

$$|\bar{\sigma} - \sigma^*|_{\mathfrak{D}} < \varepsilon Q_1 \tag{49}$$

mit einer festen Konstanten Q_1. Wir brauchen, um dies einzusehen, nur die Lösungen der Differentialgleichung:

$$\frac{d\sigma}{dt} = R\sigma + \varepsilon \rightarrow \sigma = -\frac{\varepsilon}{R} + a\,e^{Rt} \tag{50}$$

in Betracht zu ziehen und $\mathfrak{A}_1$, $\mathfrak{A}_3$ zu berücksichtigen.

Wenn wir in der zweiten Gleichung $(\overline{45})$ die Differenzenquotienten von $\bar{\tau}$, τ^* nach der α-Richtung durch diejenigen nach der β- und ω-Richtung ausdrücken und den resultierenden Ausdruck für $(\bar{\tau}^{\backprime} - \tau^{*\backprime})$ in die Gleichung $(\overline{46})$ einsetzen, erhalten wir für $|\bar{\sigma}^{\backprime} - \sigma^{*\backprime}|_{L_2}$ längs L_2 die Abschätzung:

$$(51)\quad |\bar{\sigma}^{\backprime} - \sigma^{*\backprime}|_{L_2} < R_3 |\dot{\bar{\tau}} - \dot{\tau}^*| + R_4 |\bar{\sigma} - \sigma^*| + R_5 |\bar{\tau} - \tau^*| + \varepsilon_2 .$$

Unter den Voraussetzungen $\mathfrak{A}_1$, $\mathfrak{A}_2$ folgt demnach wegen: $\bar{\sigma}(0, 0) = \sigma^*(0, 0)$, wenn wir wieder als Majorante eine entsprechende Lösung von (50) hinzuziehen:

$$(52)\qquad |\bar{\sigma} - \sigma^*|_{L_2} \leq -\frac{\varepsilon}{T} + \frac{\varepsilon}{T} e^{R_6 \bar{d}}$$

mit von h unabhängigen, für ganz $\mathfrak{D}$ gültigen Konstanten R_i und T. Offenbar können wir, wie man aus (52) ersieht, $\bar{d}$ genügend klein annehmen, daß längs L_2 in $\mathfrak{D}$ die Voraussetzung $\mathfrak{A}_3$ bei Gültigkeit von $\mathfrak{A}_1$, $\mathfrak{A}_2$ stets erfüllt bleibt. Falls $\mathfrak{A}_1$, $\mathfrak{A}_2$ gilt, folgt, wenn wir in der zweiten Gleichung $(\overline{45})$ die Differenzenquotienten von $\bar{\tau}$, τ^* in der β-Richtung durch diejenigen nach der α-Richtung und ω-Richtung ausdrücken, für $|\bar{\tau}' - \tau^{*\prime}|$ eine Abschätzung:

$$(53)\qquad |\bar{\tau}' - \tau^{*\prime}| < \varepsilon Q_2$$

mit von h unabhängigem Q_2.

Wegen $\bar{\tau} = \tau^*$ längs L_1 können wir daher durch eventuell weiteres Verkleinern von $\bar{d}$ erreichen, daß in $\mathfrak{D}$ bereits unter der bloßen Voraussetzung von $\mathfrak{A}_2$ die restlichen Bedingungen $\mathfrak{A}_1$, $\mathfrak{A}_3$ in Kraft bleiben.

Es verbleibt jetzt noch zu zeigen, daß in $\mathfrak{D}$ oder in einem ganz in $\mathfrak{D}$ liegenden Teilbereich $\mathfrak{D}'$ von $\mathfrak{D}$ stets ab genügend kleinen Maschenweiten die Voraussetzung $\mathfrak{A}_2$ erfüllt bleibt. Zu diesem Zweck ziehen wir die Gleichung $(\overline{47})$ in Betracht. Wir können offenbar die linke Seite in geeigneter Weise umformen, daß wir in Analogie zu dem im Existenzbeweise angewandten Verfahren die Differenzen: $|\dot{\bar{\tau}} - \dot{\tau}^*|$ schrittweise von Schrägreihe zu Schrägreihe abschätzen können. Wenn wir die Differenzen auf den rechten Seiten nach dem Mittelwertsatz entwickeln und die bereits erwiesenen Schranken berücksichtigen, ergibt sich:

(54) $$|\dot{\bar{\tau}} - \dot{\tau}^*|_\nu \leq |\dot{\bar{\tau}} - \dot{\tau}^*|_{\nu-1} + h\, r_1 |\dot{\bar{\tau}} - \dot{\tau}^*|_{\nu-1} + h\, r_2\, \varepsilon$$

Hierbei soll $|\dot{\bar{\tau}} - \dot{\tau}^*|_\nu$ eine Majorante für die Differenzen: $|\dot{\bar{\tau}} - \dot{\tau}^*|$ anf der ν-ten von L_1 ab gezählten Schrägreihe bedeuten, r_i sind dabei feste Konstanten. Da auf L_1 die Differenzen: $|\dot{\bar{\tau}} - \dot{\tau}^*|$ verschwinden, liefert die gleiche Schlußweise wie vorhin, daß in der Tat $\mathfrak{D}$ so klein angenommen werden kann, daß darin stets bleibt:

$$|\dot{\bar{\tau}} - \dot{\tau}^*| < \varepsilon$$

Da ε beliebig war, folgt, die Identität: $\bar{\sigma} = \sigma^*$, $\bar{\tau} = \tau^*$ in den Gitterpunkten, wenn wir etwa eine Gitterfolge der Maschenweiten $h = 2^{-\nu}$ $(\nu = 1, 2, \ldots)$ ins Auge fassen. Aus Stetigkeitsgründen stimmen die Funktionen dann auch in den übrigen Punkten von $\mathfrak{D}$ überein. Offenbar können wir durch Fortsetzung der gleichen Schlußweise die Übereinstimmung der beiden Lösungssysteme im ganzen gemeinsamen Definitionsbereich beweisen.

Eindeutigkeitsbeweis

Wir haben soeben zu der auf Seite 25 formulierten Anfangsrandwertaufgabe Lösungen mit stetigen partiellen Ableitungen erster Ordnung nebst einigen weiteren Eigenschaften konstruiert. Ich möchte nunmehr zeigen, daß dieses Lösungssystem eindeutig bestimmt ist.

Zu diesem Zweck zeigen wir, daß das Lösungssystem (39) zu III eindeutig bestimmt ist.

Sei also $\bar{x}$, $\bar{y}$, $\bar{u}_k$ ein zweites solches Lösungssystem zu III. Wir denken uns zunächst III für beide Lösungssysteme gebildet und die Ableitungen $u_k^\backprime \cdots y^\backprime$, bzw. $\bar{u}_k^\backprime \cdots \bar{y}^\backprime$ durch: $u_k' + \sqrt{2}\, \dot{u}_k \cdots$; bzw. $\bar{u}_k' + \sqrt{2}\, \dot{\bar{u}}_k$, ersetzt. Wir subtrahieren entsprechende Gleichungen voneinander, formen in der üblichen Weise um und ersetzen die auftretenden Differentialquotienten durch die entsprechenden Differenzenquotienten. Die auf den rechten

Seiten anzubringenden Korrekturgrößen ε_j konvergieren im gemeinsamen Definitionsbereich der beiden Lösungen u_k, $\bar{u}_k, \ldots$ gleichmäßig mit h gegen Null. In den Differentialrelationen längs L_2 nehmen wir entsprechende Ersetzungen vor. Wir erhalten Gleichungen des folgenden Typus, von denen wir nur die ersten beiden hinschreiben:

$$\text{I a}\quad \begin{cases} \sum \bar{m}_k(\bar{u}_k' - u_k') = -u_k' \sum (\bar{m}_k - m_k) - \sum \sqrt{2}\,\bar{m}_k(\dot{\bar{u}}_k - \dot{u}_k) \\ \qquad - \sum \sqrt{2}(\bar{m}_k - m_k)\dot{u}_k + (\bar{m}_{n+1} - m_{n+1}) + \varepsilon_1 \\ (\bar{\gamma}_2 + 1)\sum \bar{p}_{2k}(\bar{u}_k' - u_k') = -\sum \sqrt{2}\,\bar{p}_{2k}(\dot{\bar{u}}_k - \dot{u}_k) - (\bar{T}_2 - T_2) \\ \qquad - \sum [(\bar{\gamma}_2 + 1)\bar{p}_{2k} - (\gamma_2 + 1)p_{2k}]u_k' \\ \qquad - \sum \sqrt{2}(\bar{p}_{2k} - p_{2k})\dot{u}_k + \varepsilon_2 \end{cases}$$

und analog für die Differenzen $(\bar{x}' - x')$, $(\bar{y}' - y')$.

Schließlich fügen wir noch die aus der Differentialrelation III (b) resultierende Gleichung für $(\bar{\sigma}^{`} - \sigma^{`})$ und die Gleichung für $(\dot{\bar{\sigma}} - \dot{\sigma})$ aus der letzten Gleichung III hinzu. Wegen $\bar{u}_k = u_k$, $\bar{x} = x$, $\bar{y} = y$ längs L_1 und: $\bar{\sigma}(0, 0) = \sigma(0, 0)$ streben die Differenzen:

$$|\bar{u}_{k_{A_1}}' - u_{k_{A_1}}'|;\quad |\bar{x}_{A_1}' - x_{A_1}'|;\quad |\bar{y}_{A_1}' - y_{A_1}'|;\quad |\bar{\sigma}_0^{`} - \sigma_0^{`}|$$

mit h gegen Null, wie man aus I a) sogleich erkennt.

Des weiteren stellen wir noch ein System I b auf, das sich zusammensetzt aus denselben Gleichungen wie I a bis auf die erste und $(n + 3)$te, welche sich auf die letzte Gleichung des Systems III* bezieht. An deren Stelle treten diejenigen Gleichungen, die bei der Differenzbildung zu der ersten bzw. letzten nach α differenzierten Gleichung des Systems III bzw. III* korrespondieren. Also:

$$(1)\quad \begin{cases} \sum \bar{p}_{1k}(\dot{\bar{u}}_k' - \dot{u}_k') = -\sum (\bar{p}_{1k} - p_{1k})\dot{u}_k' + (\bar{T}_1' - T_1') \\ \qquad - \sum (\bar{p}_{1k}' - p_{1k}')\dot{\bar{u}}_k - \sum p_{1k}'(\dot{\bar{u}}_k - \dot{u}_k) + \bar{\varepsilon}_1 \end{cases}$$

dazu tritt eine analoge Gleichung für $(\dot{\bar{x}}' - \dot{x}')$, $(\dot{\bar{y}}' - \dot{y}')$.

Wir können offenbar die letzten Gleichungen (1) in ähnlicher

Weise umformen, wie dies auf Seite 41 geschah. Es ergeben sich Gleichungen, in denen die Linearformen des Typus:

$$(2)\quad \begin{cases} \mathfrak{L}_{\nu' h,\nu h} = \sum \bar{p}_{1k_{\nu' h,\nu h}} \left[\bar{u}'_{k\,(\nu'-1)h,(\nu+1)h} - u'_{k\,(\nu'-1)h,(\nu+1)h}\right] \\ \bar{\mathfrak{L}}_{\nu' h,\nu h} = \sum \bar{a}_{2k_{\nu' h,\nu h}} \left[\bar{x}'_{(\nu'-1)h,(\nu'+1)h} - x'_{(\nu'-1)h,(\nu+1)h}\right] \end{cases}$$

durch die entsprechenden im Gitterpunkt: $(\nu'+1)h$; $(\nu-1)h$ gebildeten nebst Gliedern der Größenordnung h ausgedrückt werden. Wir geben uns jetzt eine Größe ε vor und bestimmen h so klein, daß die sämtlichen Korrekturgrößen ε_k in $\mathfrak{D}$ absolut unter ε liegen. Seien nunmehr die folgenden Voraussetzungen $\mathfrak{A}$ erfüllt:

$$\mathfrak{A} \begin{cases} \mathfrak{A}_1 & |\bar{u}_k - u_k| < \varepsilon; \quad |\bar{x} - x| < \varepsilon; \quad |\bar{y} - y| < \varepsilon \\ \mathfrak{A}_2: & |\sum \bar{p}^*_{ik}(\dot{\bar{u}}_k - \dot{u}_k)| < \varepsilon; \quad |\bar{a}^*_{i1}(\dot{\bar{x}} - \dot{x}) + \bar{a}^*_{i2}(\dot{\bar{y}} - \dot{y})| < \varepsilon \\ \mathfrak{A}_3: & |\bar{\sigma} - \sigma| < \varepsilon \end{cases}$$

(Das Zeichen: * soll andeuten, daß die Linearkombinationen in analoger Weise im Innern von $\mathfrak{D}$ wie beim Beweise des Existenzsatzes zu bilden sind.) Solange $\mathfrak{A}$ erfüllt ist, gelten für die Linearformen: $\mathfrak{L}_{0,\nu h}$; $\bar{\mathfrak{L}}_{0,\nu h}$ längs L_2 die Abschätzungen:

$$(3)\qquad \left\{|\mathfrak{L}_{0,\nu h}|;\quad |\bar{\mathfrak{L}}_{0,\nu h}|\right\} < \varepsilon T'$$

mit einer festen Konstanten T'. Letzteres erkennt man sofort aus I a. Wir geben uns jetzt eine Zahl $T > T'$ vor. Solange die Linearformen: $\mathfrak{L}_{\nu' h,\nu h}$; $\bar{\mathfrak{L}}_{\nu' h,\nu h}$ absolut unter der Schranke εT bleiben, liefert unter der Voraussetzung $\mathfrak{A}$ das System I b für die Differenzen $|\bar{u}'_k - u'_k|$ die Abschätzung:

$$(4)\qquad \left\{|\bar{u}'_k - u'_k|;\quad |\bar{x}' - x'|;\quad \bar{y}' - y'|\right\} < \varepsilon Q$$

wobei Q eine feste, für ganz $\mathfrak{D}$ gültige Konstante bedeutet.

Wir wenden jetzt auf die Glieder der Größenordnung h der umgeformten Gleichungen (1) unter Beachtung von $\mathfrak{A}$ und der Schranke εQ für die Differenzen (4) den Mittelwertsatz an. Ähnlich wie dies bereits auf Seite 43 durchgeführt wurde, gelangen wir auf diese Weise zu den Abschätzungen:

$$(5)\qquad \left\{|\mathfrak{L}_{\mu h,\nu h}|;\quad |\bar{\mathfrak{L}}_{\mu h,\nu h}|\right\} < \varepsilon T' + \varepsilon d R$$

für: $-d \leq \mu h \leq 0$; $0 \leq \nu h \leq d$ mit von h unabhängigem R. Wählen wir also d genügend klein, so bleiben sicher unter Gültigkeit von $\mathfrak{A}$ obige Linearformen absolut unter εT In dem so gewählten Bereich $\mathfrak{D}$ ist dann auch (4) erfüllt. Längs L_1 gilt $u_k = \bar{u}_k$, $x = \bar{x}$, $y = \bar{y}$. Wählen wir $dQ < 1$; $d < 1/Q$, so können wir die Bedingung $\mathfrak{A}_1$ streichen, und wir finden, daß bereits unter Gültigkeit von $\mathfrak{A}_2$, $\mathfrak{A}_3$ (4) und (5) in $\mathfrak{D}$ erfüllt bleiben.

Der weitere Gang des Eindeutigkeitsbeweises verläuft in vollkommener Analogie mit unseren Methoden in der Weise, daß wir durch möglicherweise weiteres Verkleinern von $\mathfrak{D}$ die restlichen Bedingungen $\mathfrak{A}_2$, $\mathfrak{A}_3$ schrittweise bei beliebigem ε als erfüllt erkennen.

Ziehen wir die Gleichungen für $(\dot{\bar{\sigma}} - \dot{\sigma})$ und $(\bar{\sigma}' - \sigma')_{L_2}$ in Betracht, so erkennen wir unter der Voraussetzung: $\mathfrak{A}_2$, $\mathfrak{A}_3$, daß in den Gitterpunkten von $\mathfrak{D}$ bzw. auf L_2 in $\mathfrak{D}$ gilt:

$$|\dot{\bar{\sigma}} - \dot{\sigma}|_{\mathfrak{D}} < \varepsilon \bar{S}_1; \quad |\bar{\sigma}' - \sigma'|_{L_2} < \varepsilon \bar{S}_2 \tag{6}$$

mit festem $\bar{S}_1$, $\bar{S}_2$.

Im Nullpunkt ist nach Voraussetzung: $\bar{\sigma}(0, 0) = \sigma(0, 0)$. Daraus folgt, wenn wir, um die Differenz: $|\bar{\sigma} - \sigma|$ im Gitterpunkt $P(\mu h, \nu h)$ in $\mathfrak{D}$ abzuschätzen, das Wachstum dieser Differenz längs des folgenden Weges in $\mathfrak{D}$ verfolgen:

Längs L_2: Von $\mathbf{0}$ bis P', dem Schnittpunkt der Parallelen γ zu $\alpha + \beta = 0$ durch $P(\mu h, \nu h)$ mit $\alpha = 0$. Längs γ: Von P' bis $P(\mu h, \nu h)$. Es bleibt in $\mathfrak{D}$ stets:

$$|\bar{\sigma} - \sigma| < 2\varepsilon d(\bar{S}_1 + \bar{S}_2) \tag{7}$$

Ist:

$$2d(\bar{S}_1 + \bar{S}_2) < 1 \rightarrow d < \frac{1}{2(\bar{S}_1 + \bar{S}_2)}$$

so bleibt unter der Voraussetzung $\mathfrak{A}_2$ stets in $\mathfrak{D}$:

$$|\bar{\sigma} - \sigma| < \varepsilon$$

Wir beschäftigen uns für das weitere nur noch mit diesem Bereich. Daß wir schließlich, um die letzte Voraussetzung noch fallen zu lassen, das Gebiet $\mathfrak{D}$ genügend klein wählen können, so daß in $\mathfrak{D}$ auch stets $\mathfrak{A}_2$ erfüllt bleiben muß, beweisen wir durch eine analoge Schlußweise wie auf Seite 24. Es ist möglich, Linearkombinationen des Typus:

$$\Sigma \bar{p}^*_{ik} (\dot{\bar{u}}_k - \dot{u}_k); \quad \bar{a}_{l1} (\dot{\bar{x}} - \dot{x}) + (\dot{\bar{y}} - \dot{y});$$

längs der zur Anfangsgeraden parallelen Schrägreihen genau wie dort schrittweise abzuschätzen. Da dieselben auf L_1 verschwinden, bleiben sie, wie man findet, innerhalb eines genügend klein gewählten Bereiches $\mathfrak{D}$ ab genügend kleinen Maschenweiten absolut unter ε. Daraus folgt schließlich: Wir können einen Bereich $\mathfrak{D}$: $-d \leq \alpha \leq 0$; $0 \leq \beta \leq d$; $\alpha + \beta \geq 0$ angeben, so daß für alle genügend kleinen Maschenweiten in den Gitterpunkten von $\mathfrak{D}$:

$$|\bar{u}_k - u_k| < \varepsilon; \; |\bar{x} - x| < \varepsilon; \; |\bar{y} - y| < \varepsilon$$
$$|\bar{u}'_k - u'_k| < \varepsilon Q; \; |\bar{x}' - x'| < \varepsilon Q; \; |\bar{y}' - y'| < \varepsilon Q$$
$$|\dot{\bar{u}}_k - \dot{u}_k| < \varepsilon F; \; |\dot{\bar{x}} - \dot{x}| < \varepsilon F; \; |\dot{\bar{y}} - \dot{y}| < \varepsilon F$$
$$|\bar{\sigma} - \sigma| < \varepsilon; \; |\dot{\bar{\sigma}} - \dot{\sigma}| < \varepsilon \bar{S}_1; \; |\bar{\sigma}^{\backprime} - \sigma^{\backprime}|_{L_2} < \varepsilon \bar{S}_2$$

bleiben. Da ε beliebig war, folgt die Identität der Lösungssysteme in $\mathfrak{D}$. Durch Fortsetzung der gleichen Schlußweise kann man dasselbe im ganzen Definitionsbereich beweisen.

Teil III

Das charakteristische Problem

Ich möchte im folgenden noch zeigen, daß wir die vorgegebene Randkurve R mit der zu C benachbarten Charakteristik zusammenfallen lassen können. Es scheint auf den ersten Blick, als stünden der Übertragung der soeben vorgetragenen Methode keine prinzipiellen Schwierigkeiten entgegen; denn unsere Betrachtungen werden nicht gestört, wenn wir auf Seite 28 ff. für $1/f'$ die noch von den u_k abhängige Funktion $\lambda_2(x, y, u_k)$ setzen. Es tritt aber doch eine Komplikation auf. Unsere Methode stützte sich auf die Vorgabe eines die Anfangsdaten ganz im Innern enthaltenden Bereiches $\mathfrak{B}$, in dem die γ_i stets >0 bleiben. Es stört, wie man sogleich erkennt, die Betrachtungen nicht, wenn γ_2 in $\mathfrak{B}$ verschwindet, was ja auch eintritt, wenn R mit C_2 zusammenfällt. Wird jedoch γ_2 negativ, so läßt sich unsere Abschätzungsmethode an einer wesentlichen Stelle nicht mehr durchführen. Wir können von vornherein nicht einen Bereich $\mathfrak{B}$ einfach vorgeben, in dem $\gamma_2 \geq 0$ ausfällt, und zeigen, daß wir innerhalb einer genügend kleinen Umgebung von $\mathbf{0}$ stets mit den errechneten Funktionswerten in diesem Bereich $\mathfrak{B}$ bleiben. Denn γ_2 verschwindet jetzt bereits in $\mathbf{0}$, und wir können nicht so ohne weiteres behaupten, daß γ_2 niemals negativ wird.

Ich werde im folgenden aber doch zeigen, daß wir das charakteristische Problem auf die Lösung des vorigen Problems zurückführen können. Dadurch, daß wir die charakteristischen Parameter so numeriert haben, daß C_1 auf $\alpha = 0$ und R auf $\alpha = \beta$ fallen, sind die α, β noch nicht eindeutig festgelegt, was sich sogleich darin kundtut, daß wir die Funktion $y(\beta)$ (bzw. $x(\beta)$) längs L_1 beliebig innerhalb weiter Grenzen wählen können. Wir werden zunächst sehen, daß wir über $y(\beta)$ derart verfügen können, daß der Grenzwert:

$$\lim_{h \to 0} \frac{\gamma_{2A_1} - \gamma_{2\,0}}{h} > L > 0$$

ausfällt. Wie man leicht nachrechnet, gilt für:

$$\gamma_i = \frac{\dfrac{\sigma}{\tau}\dfrac{\lambda_1 - \lambda_i}{\lambda_n - \lambda_i} - 1}{\dfrac{\sigma}{\tau}\dfrac{\lambda_1 - \lambda_i}{\lambda_n - \lambda_i} + 1} = \frac{\dfrac{\sigma}{\tau}\chi_i(x, y, u_k) - 1}{\dfrac{\sigma}{\tau}\chi_i(x, y, u_k) + 1}; \quad \chi_i = \frac{\lambda_1 - \lambda_i}{\lambda_n - \lambda_i}$$

$$\gamma_i = 1 - \frac{2}{\dfrac{\sigma}{\tau}\chi_i + 1}$$

Mit Berücksichtigung der Resultate von Seite 32 sind in $\mathbf{0}$

$$\chi_2 \neq 0; \quad \frac{\sigma}{\tau}\chi_2 + 1 \neq 0$$

Es ist ferner:

$$(*) \qquad \frac{d\gamma_2}{d\omega} = \frac{2\dfrac{d}{d\omega}\left(\dfrac{\sigma}{\tau}\chi_2\right)}{\left(\dfrac{\sigma}{\tau}\chi_2+1\right)^2}$$

$$\frac{d}{d\omega}\left(\frac{\sigma}{\tau}\chi_2\right) = \frac{\tau\dfrac{d\sigma}{d\omega} - \sigma\dfrac{d\tau}{d\omega}}{\tau^2}\chi_2 + \frac{\sigma}{\tau}\left(\frac{\partial\chi_2}{\partial x}x_\omega + \frac{\partial\chi_2}{\partial y}y_\omega + \sum_{k=1}^{n}\frac{\partial\chi_2}{\partial u_k}\frac{du_k}{d\omega}\right)$$

Die Ableitungen: $\frac{du_k}{d\omega}$ können wir durch die ersten Ableitungen der Funktionen $u_i(s)$ längs C in der x, y-Ebene ausdrücken. Es ist

$$\frac{du_k}{d\omega} = \frac{du_k}{ds}\sqrt{x_\omega^2 + y_\omega^2}$$

Wir haben:

$$\tau = \frac{-1}{y_\omega(\lambda_1 - \lambda_n)}$$

Also:

$$(1) \qquad \frac{d\tau}{d\omega} = \frac{y_{\omega\omega}}{y_\omega^2(\lambda_1 - \lambda_n)} + \frac{\dfrac{d}{d\omega}(\lambda_1 - \lambda_n)}{y_\omega(\lambda_1 - \lambda_n)^2}$$

Diesen Ausdruck (1) setzen wir in (*) ein.

Der Grenzwert von: $\frac{\sigma_{A_1} - \sigma_0}{h}$ für $h \to 0$ hängt nur von den Werten von: u_k, x, y, σ, τ in 0 ab, sowie von $\frac{du_k}{ds}(0, 0)$.

Um dies einzusehen, bedenke man zunächst, daß in der Gleichung (18) Seite 33 nur die Ableitungen: u_k', $u_k^{\backprime}$ $(k = 1, \ldots, n)$, aber nicht diejenigen von τ', $\tau^{\backprime}$ wirklich vorkommen, daß also die dortigen Koeffizienten: q'_{n+1}; r'_{n+1} verschwinden. Die Grenzwerte der Differenzenquotienten: u_k', $u_k^{\backprime}$ $(k = 1, \ldots, n)$ in 0 hängen nur von den Werten von: u_k, x, y, σ, τ $\frac{du_k}{ds}$ in 0 ab. Dies liegt an einer Besonderheit des Systems III Seite 33, von der wir bisher noch gar keinen Gebrauch gemacht haben: Die ersten n Gleichungen von III enthalten nämlich gar nicht die Ableitungen von: $u_{n+1} = \tau$. Dies folgt daraus, weil im Minor von λ_1 der Matrix $\mathfrak{A}$ Seite 30 in der ersten Spalte außer λ_n alle übrigen Koeffizienten verschwinden.

Berücksichtigen wir noch die obige Beziehung:

$$\frac{d u_k}{d \omega} = \frac{d u_k}{d s}\sqrt{x_\omega^2 + y_\omega^2} \quad \text{nebst:} \quad x_\omega - \lambda_1 y_\omega = 0,$$

so folgt aus dem Nichtverschwinden der Koeffizientendeterminante der $(n+2)$ ersten Gleichungen von III_0' sogleich die Behauptung.

In dem Ausdruck für: $\frac{d\gamma_2}{d\omega}$ im Ursprung kommt daher neben Gliedern, die durch die Funktionswerte in **0** bestimmt werden, noch additiv ein Term mit $y_{\omega\omega}$ mit nichtverschwindendem Koeffizienten vor. Wir können daher durch geeignete Wahl von $y_{\omega\omega}$ in **0** stets erreichen, daß

$$\lim_{h\to 0} \frac{\gamma_{2A_1} - \gamma_{2\,0}}{h} > L > 0 \qquad \text{ausfällt.}$$

Wie man aus der auf Seite 38 durchgeführten Abschätzungsmethode erkennt, bleiben längs L_1: $\frac{1}{2}\sqrt{2}s \leq \alpha \leq 0$; $0 \leq \beta \leq \frac{1}{2}\sqrt{2}s$ $\alpha + \beta = 0$ die zweiten Differenzenquotienten: $\ddot{\gamma}_2$ gleichmäßig beschränkt. Wir können daher sicher s so klein bestimmen, daß längs L_1 $\dot{\gamma}_2$ positiv bleibt. Da in **0**: $\gamma_2 = 0$ ist, ist in allen übrigen Gitterpunkten von L_1: γ_2 stets > 0. Wenn wir die Funktionswerte x, y, u_k, τ, σ in der auf Seite 35 ff. angeführten Weise unter Benützung der Systeme III′, IV′, V′ berechnen, können wir nichts über das Vorzeichen von γ_2 in den Gitterpunkten von L_2 aussagen. Wenn wir aber, statt die Differentialrelation III b zu entwickeln, darauf achten, daß längs L_2 immer die Relation: (11) $\sigma = \tau \frac{\lambda_n - \lambda_2}{\lambda_1 - \lambda_2}$ wirklich erfüllt bleibt, dann verschwindet γ_2 sicher in allen Gitterpunkten längs L_2 von Seite 31. Um dies zu erreichen, haben wir also die letzte Gleichung des Systems III_0', um einen bestimmten Gitterpunkt herauszugreifen, anzusetzen:

$$\text{(2)} \qquad \sigma_{B_1} - \sigma_0 = \tau_{B_1}\left\{\left[\frac{\lambda_n - \lambda_2}{\lambda_1 - \lambda_2}\right]_{B_1} - \left[\frac{\lambda_n - \lambda_2}{\lambda_1 - \lambda_2}\right]_0\right\} + \left[\frac{\lambda_n - \lambda_2}{\lambda_1 - \lambda_2}\right]_0 \left\{\tau_{B_1} - \tau_0\right\}$$

Es ist:

$$\sigma_0 = \tau_0 \left[\frac{\lambda_n - \lambda_2}{\lambda_1 - \lambda_2}\right]_0$$

Also wegen (2):

$$\sigma_{B_1} = \tau_{B_1} \left[\frac{\lambda_n - \lambda_2}{\lambda_1 - \lambda_2}\right]_{B_1} \quad \text{usw.}$$

Wie man leicht erkennt, ist diese Abänderung für die weiteren Schlüsse nicht von wesentlicher Bedeutung.

Wir geben uns in Analogie zu Seite 37 einen die Anfangswerte enthaltenden Bereich $\mathfrak{B}$ des dortigen Typus vor. Solange sich σ, x, y, u_k, τ in $\mathfrak{B}$ befinden und: $\gamma_2 \geq 0$ bleibt, können wir in vollkommener Analogie zu den Betrachtungen des Teil II die Existenz eines Bereiches $\mathfrak{D}_3$ aufzeigen, in dem die Differenzenquotienten (29) unter festen Schranken bleiben. Man erkennt daraus, daß in $\mathfrak{D}_3$ unter den angeführten Voraussetzungen die Differenzenquotienten von γ_2, nämlich $|\dot{\gamma}_2|$ in $\mathfrak{D}_3$ und $|\dot{\gamma}_2'|_{L_2}$ längs L_2 gleichmäßig unter festen Schranken liegen. Da γ_2 längs L_2 immer verschwindet, und $\dot{\gamma}_2 \geq L > 0$ im Ursprung, können wir unter genauer Beachtung der Reihenfolge der Abschätzungen $\mathfrak{D}_3$ so klein wählen, daß wir bei genügend kleinen Maschenweiten mit den Funktionswerten in $\mathfrak{B}$ bleiben, und weiters γ_2 stets ≥ 0 ausfällt. In $\mathfrak{D}_3$ gelten dann gleichmäßig die Abschätzungen (29). Der weitere Gang des Beweises ist mit den im Teil II dargestellten Betrachtungen identisch.

Unseren Resultaten haftet noch ein gewisser Mangel an: Wir hatten, um Weiterungen zu vermeiden, längs L_1 Anfangswerte des Typus D_4 angenommen. Die bisherigen Überlegungen liefern ein Lösungssystem, von dem wir nur wissen, daß es längs L_2 vom Typus D_2 ist. Wenn wir R mit einer Charakteristik identifizieren und in der auf Seite 5 angekündigten Weise das soeben konstruierte Lösungssystem fortsetzen wollen, würden die notwendigen Differenzierbarkeitsvoraussetzungen fehlen.

Wir hatten uns im Teil II mit dem Nachweis der gleichmäßigen Beschränktheit der zweiten Differenzenquotienten begnügt. Die Voraussetzungen gestatten es aber auch noch, die gleichmäßige Beschränktheit der 3. und 4. Differenzenquotienten längs L_2 nachzuweisen, so daß wir in der Tat nach geeigneter Auswahl ein

Lösungssystem des Typus D_4 längs L_2 erhalten. Der Nachweis ergibt sich durch Betrachtungen, die denen auf Seite 19 des Teils I ähnlich sind. Wir machen dabei dauernd von den sich aus: $u_k^{\backslash} = u_k' + \sqrt{2}\, \dot{u}_k$ ergebenden Relationen zwischen den höheren Differenzenquotienten der α-, β- und ω-Richtung Gebrauch.

Unsere bisherigen Betrachtungen stützten sich auf die auf Seite 30 getroffene Voraussetzung über die zur Doppelwurzel λ_n gehörigen Elementarteiler. Durch die folgenden einfachen Überlegungen können wir den allgemeinen Fall stets auf den behandelten zurückführen. Zu diesem Zweck betten wir unser Anfangs-Randwertproblem des Teils II in ein umfassenderes ein, indem wir zu dem System I noch die weitere von den übrigen Gleichungen unabhängige Gleichung:

$$(*) \qquad \lambda_{n+1}(x, y) \frac{\partial u_{n+2}}{\partial x} + \frac{\partial u_{n+2}}{\partial y} = 0$$

hinzufügen. Dabei sei die Funktion $\lambda_{n+1}(x, y)$ vom Typus D_5 und so gewählt, daß längs C_1 die zu λ_{n+1} gehörigen charakteristischen Richtungen äußerste charakteristische Richtungen des erweiterten Systems I werden, also in U gilt:

$$\lambda_1 < \lambda_2 < \cdots < \lambda_n < \lambda_{n+1}$$

Wir bilden jetzt das durch die Gleichung (*) erweiterte Anfangsrandwertproblem des Teils II, indem wir zusätzlich für u_{n+2} längs C_1 beliebige Anfangswerte vom Typus D_4 vorschreiben, wodurch u_{n+2} bestimmt ist. Führen wir die Überlegungen auf Seite 30 ff. jetzt an unserem erweiterten Problem durch, so erkennen wir, daß wegen: $\frac{\partial \lambda_{n+1}}{\partial u_i} = 0 \quad i = 1, 2, \ldots, n+2$ sicher der Fall einfacher Elementarteiler vorliegt. Wir können also das erweiterte Problem in der im Teil II beschriebenen Weise behandeln und erhalten zugleich die Auflösung der Anfangs-Randwertaufgabe und des charakteristischen Problems im allgemeinen Fall. Damit sind alle in der Vorbetrachtung angekündigten Resultate bewiesen.

Die bei der Einführung charakteristischer Parameter angestellten Überlegungen des Teils II können dazu herangezogen werden, eine Lücke zu schließen, welche sich in der Arbeit von K. FRIEDRICHS und H. LEWY: Über das Anfangswertproblem einer beliebigen nichtlinearen hyperbolischen Differentialgleichung beliebiger Ordnung in zwei unabhängigen Variablen (Math. Ann. Bd. 99, S. 200–221) befindet[4]).

Die in dieser Arbeit durchgeführte Reduktion der allgemeinen Gleichung n-ter Ordnung auf ein quasilineares System erster Ordnung, zeigt nach der richtigen Einführung der charakteristischen Parameter, daß die Betrachtungen des Teils II zugleich auch noch die Lösung der gemischten Anfangs-Randwertaufgabe und des charakteristischen Problems der allgemeinen hyperbolischen Differentialgleichung n-ter Ordnung enthalten. Für diese Gleichung gelten daher ganz analoge Resultate wie für die in der vorliegenden Arbeit untersuchten quasilinearen Systeme erster Ordnung.

---

[4]) Herr Prof. E. HÖLDER machte mich auf das folgende Versehen in dieser Arbeit aufmerksam: Die auf Seite 214 ff. mit σ, τ bezeichneten Funktionen hängen auch noch von den ersten Ableitungen von: $x(\alpha, \beta)$, $y(\alpha, \beta)$ ab und nicht wie irrtümlich angenommen nur von den gesuchten Funktionen allein.

FSC
www.fsc.org
MIX
Papier | Fördert
gute Waldnutzung
FSC® C083411

Zeitfracht Medien GmbH
Ferdinand-Jühlke-Straße 7
99095 Erfurt, Deutschland
produktsicherheit@kolibri360.de